输电线路走廊地质灾害风险评估与防治案例

主 编 刘 凡 卜祥航
副主编 范松海 卢金奎 黄 栋

中国电力出版社
CHINA ELECTRIC POWER PRESS

内 容 提 要

四川省地质灾害具有多发、频发、群发等特点，严重威胁着输电线路的安全运行，其中约 70%地质灾害为滑坡灾害。当输电线路受到地质灾害威胁时，对灾害体进行专业风险评估与工程防治，是有效化解输电线路灾害风险的重要措施。

本书为《输电线路走廊地质灾害风险评估与防治案例》，分为两章，第一章介绍了不同电压等级输电线路走廊典型地质灾害风险评估案例；第二章介绍了不同电压等级输电线路走廊典型地质灾害防治案例。

本书可供从事输电线路规划设计、建设施工、运行维护及应急抢险工作的相关人员学习使用，也可供自然资源、应急管理、防灾减灾、水利水电、交通、矿山等部门的地质、岩土、监测工程技术人员及高等院校的师生参考。

图书在版编目（CIP）数据

输电线路走廊地质灾害风险评估与防治案例 / 刘凡，卜祥航主编. —北京：中国电力出版社，2024.1
ISBN 978-7-5198-8216-7

Ⅰ.①输… Ⅱ.①刘…②卜… Ⅲ.①高压输电线路–电力安全–案例 Ⅳ.①TM726.1

中国国家版本馆 CIP 数据核字（2023）第 198470 号

出版发行：中国电力出版社
地　　址：北京市东城区北京站西街 19 号（邮政编码 100005）
网　　址：http://www.cepp.sgcc.com.cn
责任编辑：罗　艳（010-63412315）
责任校对：黄　蓓　李　楠
装帧设计：张俊霞
责任印制：石　雷

印　　刷：三河市航远印刷有限公司
版　　次：2024 年 1 月第一版
印　　次：2024 年 1 月北京第一次印刷
开　　本：710 毫米×1000 毫米　16 开本
印　　张：8
字　　数：118 千字
印　　数：0001—1000 册
定　　价：68.00 元

编写人员名单

主　　编　刘　凡　卜祥航

副 主 编　范松海　卢金奎　黄　栋

参编人员　张宗喜　陈　俊　朱　轲　杨　宇　刘凤莲

　　　　　罗东辉　吕品雷　吴　驰　曾　宏　崔　涛

　　　　　付铮争　赵福平　曾　嘉　何小玉　刘　泉

　　　　　黄浩旋

前 言
PREFACE

　　四川省分布 8 大地震断裂带，已查明的大小地质灾害风险点 4 万余处，是全国地震活动最为强烈、地质灾害最为严重的省份。四川省地质灾害具有多发、频发、群发等特点，严重威胁着输电线路安全运行，其中约 70%地质灾害为滑坡灾害。对具有危害性的输电线路地质灾害隐患，及时采取科学有效的风险评估手段和工程措施，也已成为主动化解输电线路灾害风险的重要手段。

　　为满足四川电力防范输电线路地质灾害风险的需求，针对生产实际中出现的输电线路典型地质灾害防范案例进行全面梳理、经验总结的基础上，编写了《输电线路走廊地质灾害风险评估与防治案例》，本书介绍了不同电压等级输电线路走廊典型地质灾害风险评估案例与防治手段。本书适用于从事输电线路规划设计、建设施工、运行维护及应急抢险工作的相关人员。本书汇编的典型案例是国网四川省电力公司电力科学研究院输变电技术中心相关技术人员在多年的工作中深入分析、不断总结、长期积累得到的，典型案例中涉及的相关供电公司，也在资料收集、案例分析中提供了支持，在此一并感谢。

　　由于时间仓促，书中难免存在疏漏之处，望广大读者批评指正。

编　者

2023 年 10 月

目 录
CONTENTS

第一章
输电线路走廊典型地质灾害风险评估案例

案例一：110kV 胜×线典型区段地质灾害风险评估

一、案例概况

110kV 胜×线××号塔基下方出现两次垮塌现场，第一次垮塌发生于"7·28"强降雨期间，该次垮塌威胁坡体上方 110kV 输电线路的塔基安全；第二次垮塌发生于"8·8"大暴雨期间，导致该塔下方临时修建的水泥小路断裂，底部出现镂空，且滑坡后缘多处出现拉张裂缝，外侧边坡距离塔基很近，5～10m。该滑坡严重威胁两条输电线路塔基安全，现场照片如图 1-1-1 所示。

二、案例分析

1. 地质灾害成因分析

根据本次地面调查资料，该塌方的发生、发展过程与调查区的地形地貌、地质条件、大气降雨等密切相关。综合分析，引起路基坍塌的主要因素有以下几点。

（1）地形地貌：调查区为一般斜坡地貌，土体厚度较大，有利于滑坡的形成和发展。此外，坡体上部为宽缓地形，有利于地表水、地下水的汇集、入渗，其地形条件利于土体溜滑，形成塌方。

图1-1-1 滑坡全貌

（2）地质条件：调查区为简单的单斜构造，岩、土体较简单。土体主要为粉质黏土，有利于地下水入渗，下伏基岩为层状结构的砂质页岩，为软质岩层。

（3）受地形条件限制，工程建设时下方施工切坡开挖形成了高边坡临空面，破坏了坡体原有完整性。

（4）水的作用：在持续强降雨等气候条件作用下，地表水排泄不畅，一是地下水补给急增，水位迅速上升，致使土体饱和而自重增加；二是降水入渗至软弱带后，使其进一步饱水软化，抗剪强度降低。本次出现的拉张裂缝及两处垮塌现象的主要原因就是强降雨过程中，大量地表水及地下水迅速渗入坡体，使其后缘土体及下伏软弱基岩体软化，自重增加，软弱结构面力学性质大大降低。

综上所述，该滑坡是在不利的地形地貌条件及岩土体组合特征条件下，斜坡下部土体开挖后，坡体整体完整性被破坏，此后受降雨影响，大气降水不断渗透，一方面导致土体自重增加；另一方面导致土体力学性质降低，从而形成滑坡。

2. 趋势分析及建议

（1）发展趋势：

1）坡体下部开挖后前缘临空条件较好，坡体目前处于蠕动变形阶段，在持续暴雨等极端气候作用下，继续发生局部垮塌、坍塌甚至整体滑动的可能性很大。

2）若下方土体继续垮塌，将导致坡体上方铁塔歪斜甚至倒塌，严重威胁当地居民的生产生活安全，潜在风险很大。

（2）建议：

1）对滑坡的斜坡坡体、路面、塔基基础等进行实时监测，出现新的情况，及时上报。

2）对两处线路的塔基进行补强加固，防止进一步倾斜或倒塌。

3）尽快开展线路改迁选址工作，更换两处塔基位置。

4）建议由专业单位进行施工图设计，并按经专家审核通过后的设计方案对该滑坡进行有效治理，彻底消除安全隐患。

案例二：220kV 祖×线典型区段地质灾害风险评估

一、案例概况

200kV 祖×线××号塔滑坡变形破坏明显，滑坡中上部裂缝发育，铁塔下方挡土墙开裂，滑坡左侧道路被推断，滑坡右侧坡体台阶式下挫，铁塔上游分布 24m 左右的贯穿裂缝，塔体轻微形变，如图 1-2-1～图 1-2-4 所示。

图 1-2-1　某铁塔滑坡　　　　　　图 1-2-2　某铁塔下方挡墙开裂

图 1-2-3　某铁塔滑坡右侧变形特征　　　　图 1-2-4　某铁塔左侧道路破坏

二、案例分析

1. 高密度电法测线布设

如图 1-2-5 所示，利用高密度电法探测滑坡体内部结构，并找出潜在滑面位置，其原理是利用电流场分布，获取地下介质的电性结构，分析滑坡结构组成。本次共布设一纵二横 3 个电测剖面，为滑坡做"体检"，共计完成测线长度为 125m：沿滑坡滑动方向纵剖面测线长度为 55m；铁塔上游裂缝处横剖面测线长度为 35m；挡墙下方横剖面测线长度为 35m。

图 1-2-5　高密度电法现场探测滑坡体

2. 结果分析

技术人员结合现场踏勘情况，对三条剖面进行了反演成像，如图 1-2-6 所示，同时利用分析成果绘制了滑坡纵剖面图，如图 1-2-7 所示。

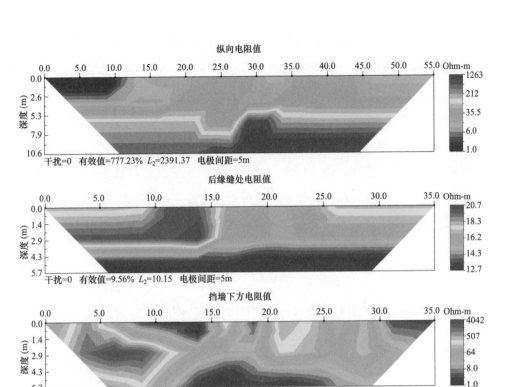

图 1-2-6　剖面反演结果图

（红色：岩石；蓝色：地下水；绿色：土壤）

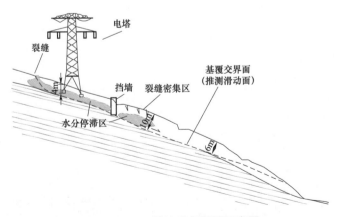

图 1-2-7　滑坡纵剖面图示意图

得出结论如下：由于坡脚道路开挖、长期持续降雨，诱发铁塔滑坡失稳。大量雨水沿着裂缝渗入至土层中，并赋存在铁塔下部；滑面平均埋深约8m，分布在铁塔基础下部，且挡墙后缘、铁塔基础下部有大量积水，滑坡现在处于欠稳定状态。

3. 运维建议

（1）铁塔上游的长24m、宽10cm、深30cm的连续变形裂缝，应采用塑料薄膜遮挡并用黏土填充，防止雨水下渗。运维人员应加强裂缝变形巡视，及时掌握该处裂缝变形发展趋势，便于制定针对性措施。

（2）因铁塔坐落在滑动面以上，建议改迁，后续改迁选址应对塔基位置进行全面评估。

案例三：220kV 孟×线典型区段地质灾害风险评估

一、案例概况

220kV 孟×线×塔位附近发生大量裂缝，塔身发生较大变形，严重威胁到输电线路运行及塔位下方居民生命财产安全，如图1-3-1～图1-3-4所示。利用无人机、测距仪、卷尺、罗盘等工具进行野外实地调查，获取滑坡变形相关的数据，并通过多时相遥感影像对比解译和时序 InSAR 形变探测等技术手段，对塔位滑坡稳定性及滑坡风险灾害进行定性评价，并提出建议。

图1-3-1 塔基破坏

图1-3-2 塔材断裂

图 1-3-3　铁塔 B 腿悬空　　　　图 1-3-4　铁塔 C 腿向坡外滑移

二、案例分析

1. 坡体变形历史

通过现场调查及卫星影像分析，发现铁塔位于一个古滑坡堆积体上。基于 ArcGIS 软件平台，对古滑坡的几何形态进行分析，古滑坡由西北向东南滑动，滑体滑向 231°。古滑坡堆积体整体为稳定状态，但堆积体前缘存在良好的临空面，且地形陡峭，岩体破碎，在古滑坡堆积体前缘形成一系列次级滑坡，如图 1-3-5 所示。

图 1-3-5　古滑坡堆积体前缘次级滑坡

　　古滑坡堆积体前缘发育的地质灾害，主要以崩塌和滑坡为主。通过高分辨率无人机航拍影像对研究区进行解译，在古滑坡堆积体前缘共发现了5处次级滑坡，其滑动方向大致为164°、231°。

　　图1-3-6为古滑坡堆积体前缘次级滑坡在2010年1月、2012年11月、2016年6月及2020年11月变形破坏过程影像图（其中2010～2016年为91卫星助手下载高分辨率遥感卫星影像，2020年11月影像为无人机现场调查获得）。对多时相遥感影像进行分析，可知该古滑坡堆积体前缘在2010年前主要为H01、H02滑坡出现小规模垮塌，2012年11月H01、H02滑坡的范围扩大，2016年6月前H04滑坡处出现破坏迹象，2016年6月以来陆续发育H03滑坡及塔位所在的H05滑坡。近年来，该古滑坡前缘的破坏在强降雨诱发下有逐渐加剧的趋势。

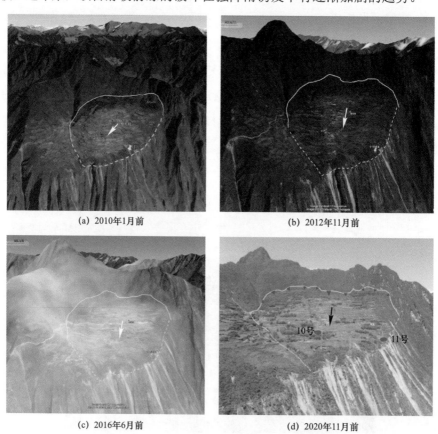

(a) 2010年1月前　　　　　　　　　　(b) 2012年11月前

(c) 2016年6月前　　　　　　　　　　(d) 2020年11月前

图1-3-6　古滑坡堆积体发展历史遥感影像

　　为进一步研究古滑坡堆积体的整体稳定性,项目组收集了 2017 年 1 月至 2020 年 7 月共 106 景欧空局 Sentinel－1 升轨影像,利用时序 SBAS－InSAR 技术对铁塔所在古滑坡区域近 3 年多来的形变进行定量探测。图 1－3－7 和图 1－3－8 分别为古滑坡堆积体 InSAR 干涉结果图和时序 InSAR 形变速率结果图。可见,观测期内古滑坡范围未见显著形变信息,说明整体较稳定。图 1－3－9 为 10 号(A)和 11 号(B)塔附近坡体形变速率曲线图,可见,10 号(A)和 11 号(B)塔附近坡体呈现季节性形变特征,每年雨季 5～10 月,形变速率显著提升,雨季过后形变速率逐渐降低。值得注意的是,2020 年 5 月有一次形变速率陡增的过程,这与现场调查发现的今年雨季铁塔周边形变迹象显著加强相吻合。

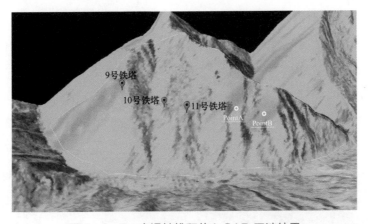

图 1－3－7　古滑坡堆积体 InSAR 干涉结果

图 1－3－8　古滑坡堆积体时序 InSAR 形变速率结果

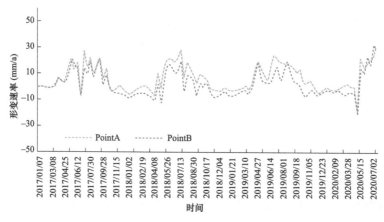

图 1-3-9　10 号（A）和 11 号（B）塔附近坡体形变速率曲线图

2. 坡体前缘变形特征与风险评估

通过对铁塔所处坡体进行野外调查，坡体主要变形迹象为塔基附近出现多条拉张裂缝，滑坡变形迹象明显。铁塔位附近共发现 5 条拉张裂缝，其中 H05 滑坡体上发育有裂缝 1、裂缝 2 及裂缝 3，H04 滑坡体后缘发育裂缝 4。H04 滑坡的滑动方向为 164°，H05 滑坡的滑动方向为 207°，两个滑坡体滑动方向的夹角为 43°，其中 H05 滑坡体对铁塔稳定影响较大，如图 1-3-10 所示。

图 1-3-10　H04、H05 滑坡滑移方向

由于 11 号塔体所在斜坡背后山体，存在多级滑坡区域的裂缝和错落的土体，沿滑向的扩展趋势明显。监测显示目前仅以浅层土体滑落为主，自 2020 年 7 月始，后缘长大裂缝逐步发育，滑坡隐患较严重，一旦高位滑坡发生，大量岩土体高速运动。在沿程造成铲刮效应，不断扩大的滑坡规模将在短时间内到达居民区，将威胁到当地村民的生命财产安全，造成巨大损失。所以，在上述滑坡稳定性定性分析的基础上，有必要对滑坡风险进行初步评估，进而提出应对措施以降低滑坡灾害的风险。

通过对滑坡潜在范围的确定，利用 ArcGIS 分析工具计算出各级滑坡面积。而后运用无人机测量获得的数字地表模型（digital surface model，DSM）数据及现场调查所得岩-土界面获取滑体平均深度，通过计算各级滑坡体的体积结果见表 1-3-1。从表 1-3-1 中可以看出，4 处滑坡均为小型滑坡，其中塔体右侧（D 腿西侧）滑坡方量（体积）较大，约为 90720m³。

表 1-3-1 各级滑坡体体积

滑坡名称	滑坡面积（m²）	平均厚度（m）	滑坡体积（m³）
A 区	335	17	5695
B 区	879	24	21096
C 区	1105	28	30940
D 腿西侧滑坡	2592	35	90720

由于滑坡下方坡体坡度约为 41°，滑坡发生后，短时间内就会到达河谷处。由于松散岩土体产生高位滑坡，滑坡体下部距离河道约 14m，距离最近房屋约 57m，这将对河岸处耕地及岸边房屋造成威胁，且河流宽度窄、流量小，易被滑坡堵塞形成堰塞湖，会对沿河居民造成威胁。该滑坡风险计算坡道位置如图 1-3-11 所示。

坡体的运动最大距离 L 与坡体滑源区高度、滑源区体积及沟道的纵比降存在如下关系：

$$L = 3.6V^{0.303}H_s^{0.244}(\tan\alpha)^{-0.115}(\tan\beta)^{0.012} \qquad (1-3-1)$$

式中　V——滑源区体积（m³）；

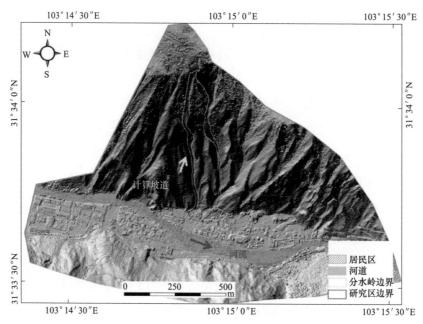

图 1-3-11　滑坡风险计算坡道位置

H_S——坡体滑源区高度（m）；

α——斜坡段坡度（°）；

β——沟道段坡度（°）。

根据塔位处海拔 2354m，前缘水平位置海拔为 1680m，垂直高差为 674m。据公式（1-3-1）计算获得的运动距离 $L=875$m，坡道底部水平运动距离为 201m。在不考虑铲刮效应及体积膨胀的情况下，该区域滑坡整体滑动后堆积体前缘将运动至河谷（如图 1-3-12 所示）。威胁对象主要为土崖窝泥石流沟左岸居民区、河右岸居民区及老堆积体前缘耕地。若后续变形破坏扩展至下一级滑坡，高位远程滑坡将产生更大的方量、运动距离及堆积深度，对河对岸的居民点以及河道行洪造成影响。

此外，当地居民长期生活在山高坡陡的 V 形河谷中，对房前屋后的局部崩塌已形成习惯，缺乏对滑坡灾害的防范意识。特别是这种高位滑坡，居民很难观察到潜在的变形迹象，所以滑坡灾害一旦发生，很容易造成大量人员伤亡及经济损失。

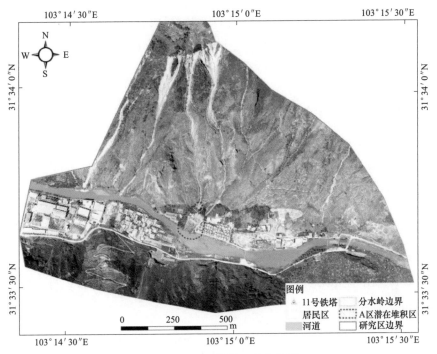

图 1-3-12　危险区分布范围

3. 结论与建议

（1）铁塔所在边坡发育 3 条贯通拉张裂隙，坡体目前处于欠稳定状态，在持续降雨或强降雨的条件下，边坡可能发生失稳破坏。虽然塔基基础整体变形迹象不明显，但 B 腿基础已有变形，且坡体左侧裂缝有逐渐圈闭的趋势，处于加速变形阶段，直接威胁铁塔安全及运行，建议对该塔进行迁建处置。考虑到滑坡形变主要集中在雨季汛期，迁建作业风险较大，建议雨季汛期主要做好形变监测，雨季过后尽快开展 11 号塔的迁建处置工作。

（2）考虑到铁塔左侧坡体处于极限平衡状态，人工扰动或降雨入渗即可能造成坡体破坏。因此，在迁塔工程处理过程中，应尽量减小对坡体的扰动，建议不拔除铁塔基础。施工过程中，建议对坡体周边裂缝进行简易形变监测，注意施工人员的安全防护，并转移坡体下方的居民。

（3）古滑坡堆积前缘坡肩位置 5 处小规模滑坡均具有较明显的形变迹象，对坡体下方居民和河道构成较严重威胁，建议当地国土部门对 5 处滑坡进一步开展详细勘探工作，查明滑坡深度、滑体结构组成等参数。对滑坡成灾机理和发展趋势进行深入分析研究，制定具体防灾减灾应对措施。

案例四：220kV 丹×线典型区段地质灾害风险评估

一、案例概况

受集中强降雨影响，220kV 丹×线×号塔位附近坡体变形，威胁铁塔安全，现场如图 1-4-1 所示。通过已有基础数据和调查资料收集、现场踏勘、无人机航拍、InSAR 技术形变探测、综合分析等技术手段，对 220kV 丹×线 67 号塔斜坡稳定性进行定性评价。

图 1-4-1 铁塔远景

二、案例分析

1. InSAR 探测结果

（1）Stacking_InSAR 结果。首先通过 Stacking_InSAR 技术对单个解缠干涉图通过对时间基线进行加权求取平均值，从而获取铁塔所在斜坡隐患的形变信息。采用的 DEM 为 30m 分辨率的 ALOS 数据，数据源为 Sentinel−1 的 C 波段数据，时间跨度分别为 2014 年 10 月 26 日～2018 年 9 月 12 日共 90 景降轨数据，2014 年 10 月 19 日～2020 年 9 月 5 日共 134 景升轨数据。

根据 Sentinel−1 降轨数据 Stacking_InSAR 结果，如图 1−4−2（a）所示，在铁塔东侧有较为明显的形变区域，与光学解译结果基本对应，表明该区域在监测时间段内处于持续形变中。铁塔西侧也探测有形变区域，但形变结果相对不明显，表明该区域形变较弱。根据 Sentinel−1 升轨数据 Stacking_InSAR 结果，如图 1−4−2（b）所示，探测结果反映铁塔所在山体整体未发现明显形变信息，这是由于 SAR 影像采用侧视雷达成像，故在地形起伏较大的区域存在叠掩、阴

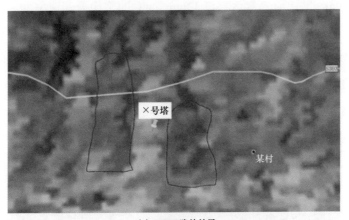

(a) InSAR降轨结果

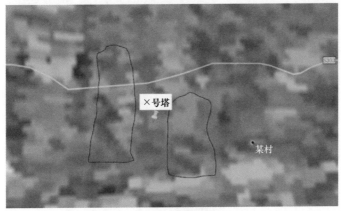

(b) InSAR升轨结果

图 1−4−2 铁塔附近区域 Stacking_InSAR 探测结果

影等几何畸变现象。因此，升轨、降轨组合可以提高大范围滑坡判识的准确度，降低滑坡漏判率。

（2）SBAS_InSAR 结果。由于 Sentinel–1A 降轨数据通过 Stacking_InSAR 取得了较好的探测结果，故利用 Sentinel–1A 降轨数据做了铁塔附近区域的 SBAS_InSAR。图 1–4–3 和图 1–4–4 是该铁塔附近区域 2014 年 10 月 26 日～ 2018 年 9 月 12 日 Sentinel–1A 降轨影像 LOS 方向形变速率图和形变速率曲线。形变值为负值表示形变点向远离卫星方向运动，形变值为正值表示形变点向靠近卫星方向运动。在铁塔东区分别选取三个特征点 a1、a2、a3，其中 a1 的平均形变速率为 –2.85mm/a，累计形变量达 –27.05mm；a2 的平均形变速率为 –4.33mm/a，累计形变量达 –43.32mm；a3 的平均形变速率为 –4.18mm/a，累计形变量达 –37.40mm。在 67 号塔西区分别选取三个特征点 b1、b2、b3，其中 b1 的平均形变速率为 –1.12mm/a，累计形变量达 –24.58mm；b2 的平均形变速率为 –1.14mm/a，累计形变量达 –13.77mm；b3 的平均形变速率为 –2.30mm/a，累计形变量达 –21.16mm。

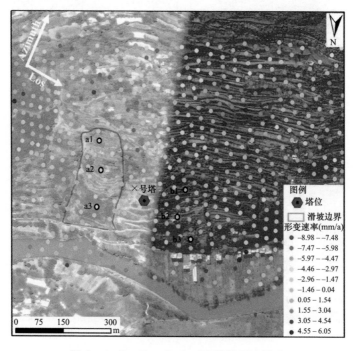

图 1–4–3　Sentinel–1A 降轨形变速率

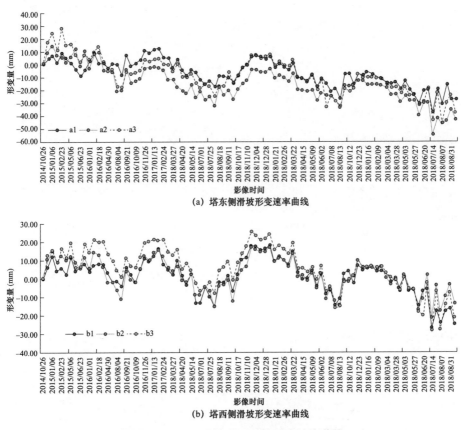

(a) 塔东侧滑坡形变速率曲线

(b) 塔西侧滑坡形变速率曲线

图 1-4-4　×号塔附近区域形变速率曲线

2. 不良地质体发育情况

根据现场调查和无人机航拍影像,铁塔所在坡体周边发育 4 处小型滑坡(如图 1-4-5 所示),图中红色虚线为各个滑坡的滑动范围,红色箭头为滑坡的运动方向。

(1)滑坡Ⅰ、滑坡Ⅱ。这两个滑坡分布于铁塔 AB 腿外侧,滑坡Ⅰ宽约 6m、长约 10m、平均厚度 2~4m,滑坡Ⅱ宽约 20m、长约 20m、平均厚度 2~4m,两者均属小型土质滑坡。滑坡Ⅱ后部发育拉张裂缝和下错陡坎,为滑坡的影响区,拉张裂缝延伸长度 3~5m,宽度 10~20cm,可视深度 30~40cm,如图 1-4-6 所示。

图 1-4-5 ×号塔无人机影像全貌

图 1-4-6 ×号塔外侧拉张裂缝

（2）滑坡Ⅲ、滑坡Ⅳ。滑坡Ⅲ、滑坡Ⅳ分布于铁塔 BC 腿侧的坡面冲沟两侧，滑坡主滑方向指向冲沟，属小型土质滑坡。滑坡整体呈圈椅状，后缘可见拉张裂缝，如图 1-4-7 所示，滑坡后壁高 2～3m，坡度 60°～80°，局部近直立。滑坡后缘距离铁塔的 C 腿最近为 4～6m。

（3）铁塔后方变形区。该变形区位于铁塔 C 腿右后方，此处植被茂密，在无人机影像上很难看清，经过现场调查，此处发育较为连续的拉张裂缝和陡坎，陡坎高度为 0.5～1m 不等，植被在变形区影响下出现倾倒形成"醉汉林"，如图 1-4-8 所示。

图 1-4-7 滑坡Ⅲ、滑坡Ⅳ后缘裂缝和陡坎

图 1-4-8 铁塔后方变形区裂缝和陡坎

3. 斜坡稳定性综合评估

室内 InSAR 技术探测结果反映铁塔塔位所在位置未发现明显形变信息，在其两侧坡体存在变形区域，但形变相对较小，且不直接危害铁塔。但铁塔塔位所在斜坡的前、中、后部均有显著变形迹象，其后缘发育多级裂缝，中部发育多级下错台坎，前缘可见垮塌变形，其整体稳定性较差，滑坡进一步发展演化可能会对铁塔基础构成威胁。

综上，结合室内外工作结果分析认为：铁塔处斜坡局部存在形变，该形变是由浅层土体滑动造成的。结合水文气象资料，认为铁塔处滑坡变形可能是由 2020 年雨季强降雨和人类活动导致。塔位附近的人类活动主要有道路修建和果园灌溉。坡面上的盘山乡村公路开挖后形成临空面，且未及时采取合理支护措施。在集中强降雨的作用下，水流汇集冲刷冲蚀坡脚，渗流在土体中产生渗透力对斜坡的稳定性产生不利影响，易引发滑坡灾害。而果园地灌溉则存在管道破裂、弃水处置不合理和不合理灌溉等问题，易引发滑坡。持续强降雨期间，土体处于饱和状态，一方面土体重度增大导致下滑分力变大，另一方面孔隙水压力增大，土体抗剪强度降低，在多方不利因素的共同影响下，致使斜坡发生滑塌。

根据塔位所在区域的地形地貌、地层岩性、地下水条件、气象特征、人类活动以及已有滑坡体的发育特征，综合判断该区域滑坡会进一步发展。若铁塔BC侧滑坡Ⅲ坡脚继续被雨水掏蚀，致使滑坡向后发展，便会影响到铁塔的稳定性。AB腿下侧滑坡在强降雨作用下，裂缝分布区域的滑塌会进一步加剧，影响位于狭窄台阶地内的铁塔 AB 腿和 CD 腿，威胁塔位安全。综合分析，针对目前变形特征，初步判断铁塔短期内稳定性不会受直接影响。但考虑到影响铁塔为板式基础，埋深浅，抗变形能力较差，在强降雨作用下不排除变形加剧和范围扩大的可能。

4. 结论及建议

建议对基础周围进行相应工程处置：

（1）铁塔后方修建截排水沟，引导强降雨地表径流和农田灌溉多余地表水流向铁塔两侧沟道，对塔身后方变形区起到一定保护作用，如图 1-4-9 所示。

图 1-4-9　铁塔工程处置建议图

（2）对塔位周围形变进行治理，如裂缝封填、防雨布遮盖等措施。

（3）在铁塔上安装倾斜监测仪或位移监测仪器，对该铁塔进行监视运行，在暴雨及雨季加大监测及巡线频率，根据形变监测结果采取进一步措施，必要时对铁塔进行迁建。

案例五：220kV 茂×线典型区段地质灾害风险评估

一、案例概况

2020 年 11 月 23 日，对 220kV 茂×线 J1 - J3 铁塔开展地灾特巡时发现该塔位附近发育滑坡体，塔位处坡体发生大范围形变，坡体形变导致铁塔主材弯曲度达 30‰ 以上，故必须对输电线路进行改造。初步拟定铁塔 J1 位置，团队对拟定 J1 - J3 铁塔斜坡稳定性进行评估。220kV 茂×线迁建 J1 - J3 铁塔位置图如图 1 - 5 - 1 所示。

二、案例分析

1. 拟选 J1 铁塔斜坡稳定性评估

拟选 J1 铁塔选址于山脊处，塔位下方有小路经过，高程 1871m，与下方平坦耕地高差约 30m。边坡植被茂密，铁塔附近未见地下水出露，无裂缝发育。若将塔基嵌入稳定岩层，则铁塔将具有较好稳定性。现场调查认为 J1 铁塔选址较合理，如图 1 - 5 - 1 所示。

根据现场调查，发现拟选 J1 铁塔所在坡体局部有基岩出露，表层岩体受风化影响，如图 1 - 5 - 2 所示。拟选 J1 铁塔位置上覆为松散堆积土，下覆为整体性良好基岩。周边未见裂缝发育，且未见地下水出露，地表水来源仅接受大气降雨补给，坡面侵蚀微弱。因此，通过现场调查分析，J1 铁塔桩基若打入基岩中，整体将具有较好稳定性。

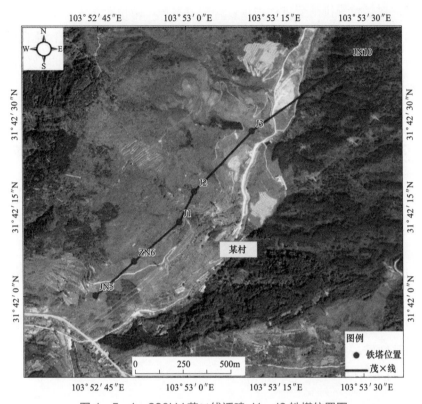

图1-5-1 220kV 茂×线迁建 J1-J3 铁塔位置图

图1-5-2 拟选 J1 铁塔附近出露基岩

2. 拟选 J2 铁塔斜坡稳定性评估

综合分析高分辨率无人机影像与现场照片原铁塔所在坡体具有活动性，如图 1-5-3 所示。滑坡整体呈现下错形态，后缘下错约 4m，左右边界也有明显变形痕迹，整体呈长舌状，主滑方向为 115°。滑坡变形导致铁塔塔材发生破坏。滑坡具有较强的活动性。

通过无人机和现场调查分析，拟选 J2 铁塔东侧滑坡后缘发育明显陡坎，滑坡边界呈现圈闭状，前缘发育局部垮塌，可见地下水出露，因此可判断为滑坡隐患。J2 铁塔现位于滑坡影响范围之外，高程 1928m，与坡脚高差约为 100m，塔位处上覆土层厚度较小，下覆为基岩。因此，若 J2 铁塔桩基嵌入基岩中，塔体将具有较好的稳定性。综合考虑地形、岩性和线路可行性等因素拟选 J2 铁塔选址较合理。

图 1-5-3　拟选 J2 铁塔无人机正射影像图

3. 拟选 J3 铁塔斜坡稳定性评估

通过无人机影像和现场调查发现，原塔位某铁塔 D 腿外侧发育大规模塌方，塌方后缘与 D 腿距离约 3.3m。拟建 J3 铁塔西侧发育一滑塌群，由 5 处大小不等滑塌组成。东侧古滑坡堆积体上发育大量裂缝，裂缝主要分布于坡中，坡顶也有裂缝发育。裂缝延伸方向可分为垂直坡向与平行坡向。垂直坡向裂缝沿 23°～203° 延伸，平行坡向裂缝延伸方向为 172°～352° 坡体变形十分明显。距拟建 J3 铁塔最近裂缝与塔基垂直距离约 17m。拟建 J3 铁塔左右两侧均有不同规模的滑塌，且铁塔位于松散堆积体上，长远看不满足稳定性要求。建议将 J3 铁塔往坡体后部山脊处迁移，如图 1-5-4 所示，坐标为（103°53′09.23″E，31°42′28.07″N）。J3 铁塔建议修改位置处于山脊上远离两侧变形区域，附近出露基岩铁塔地基稳定性满足要求。

图 1-5-4　拟建 J3 铁塔与建议修改塔位无人机正射影像

4. 结论与建议

通过现场充分调查，以及对无人机影像进行对比分析发现，研究区共发育两处滑坡、一处滑塌群，分别位于 J2 东侧及 J3 附近。对茂×线迁建 J1-J3 塔位进行稳定性评价如下：

（1）J1 铁塔选址较合理。J1 铁塔位于山脊处，高程 1871m，与下方平坦耕地高差约 30m。根据现场调查，发现 J1 塔所在坡体局部有基岩出露，岩体受风化影响，发育小规模垮塌。此处未见裂缝发育，未见地下水出露，地表水来源仅接受大气降雨补给，坡面侵蚀微弱。

（2）J2 铁塔选址较合理。J2 铁塔位于山脊密林中，高程 1928m，与坡脚高差约 100m，塔位处上覆土层厚度较薄，下覆为基岩。铁塔东侧存在具有活动性的滑坡，后缘错坎约 4m，左右边界有明显变形痕迹，整体呈长舌状，主滑方向为 115°。拟选 J2 铁塔位于现有滑坡影响范围之外，整体稳定性较好。综合考虑地形、岩性和线路可行性等因素，J2 铁塔选址较合理。

（3）J3 铁塔拟选塔位本身在当前状态下地质条件较稳定，但随着周边滑坡灾害的不断发展，将对 J3 号塔拟选塔位构成一定威胁，建议将 J3 塔位改至拟选塔位上方约 61m 位置（103°53′09.23″E，31°42′28.07″N）。原拟建 J3 号铁塔西侧发育一滑塌群，由 5 处大小不等滑塌组成，东侧为一具有活动性古滑坡堆积体，坡体中上部发育大量拉张裂缝，长远来看无法满足稳定性要求。建议 J3 塔位西侧距离局部滑塌较远，东侧位于古滑坡堆积体影响区外。该处出露整体性良好，基岩基本满足铁塔所需承载力。因此，若将塔位进行调整，并将桩基嵌入基岩，新建铁塔斜坡具有较好稳定性。

案例六：500kV 城×线典型区段地质灾害风险评估

一、案例概况

500kV 城×线××铁塔，于 2013 年 7 月投运。距离市区约 500km，平均海拔 3200m，地处高海拔地区境内，属低纬度高原性气候，雨量充沛，冬季长达 135 天，年均霜期 125 天，常年昼夜气温温差较大。铁塔基础为人工挖孔灌注桩，基础埋深见表 1-6-1，开裂照片如图 1-6-1 所示。

表 1-6-1 基 础 埋 深

线路名称	基础埋深			
	A 腿	B 腿	C 腿	D 腿
城×线××塔	9m	9m	9m	9m

图 1-6-1 城×线××铁塔基础破坏照片

二、案例分析

1. 历史变形情况

第一次开裂：2015 年 3 月，运维单位巡视发现城×线××塔 C 腿开裂（如图 1-6-2 所示），基础基建施工浇筑时间为 2011 年。

图 1-6-2 2015 年基础开裂现场照片

2015 年 6 月，运维单位对其进行了整改，开挖开裂基础进行加固，消除相关隐患，如图 1-6-3 所示。

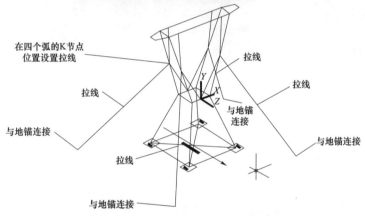

图 1-6-3 2015 年基础开裂整治措施

第二次开裂：2017 年再次出现基础开裂现象，巡视观测发现，基础开裂现象随着时间推移发生进一步加剧，原因不明。据现场工作人员描述，2018 年 4 月裂缝最宽约 10cm，2018 年 9 月裂缝最宽约 25cm，2019 年 1 月现场测量裂缝最宽约 28cm，如图 1-6-4 所示。

2. 现场调研分析

通过实地调研、分析，2015 年基础开挖后看到在输电塔预埋钢板基础的正下方为无配筋的素混凝土，开裂变形特征属于典型的基础锥体受拉破坏（即在受拉状态时混凝土以锥体的形式被拔出），通过数值仿真模拟基础开裂变形特征，发现仿真结果与现场破坏特征相似，裂缝呈放射、延伸性，如图 1-6-5 所示。初步得出基础开裂原因如下：外部原因是风、冰荷载的循环组合作用产生疲劳效应，且高海拔地区环境作用如冻融循环、冻胀等会侵蚀混凝土，促使混凝土产生微裂纹并进一步扩展成裂缝；内部原因是基础素混凝土（未配筋）局部抗拉承载力不足。

(a) 2017 年　　　　　　　(b) 2018 年　　　　　　　(c) 2019 年
再次开裂　　　　　裂缝宽度增大、箍筋拉断　　　　台面有隆起现象

图 1-6-4　近年基础开裂现象

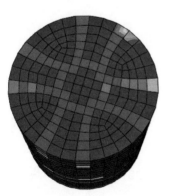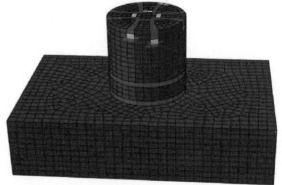

图 1-6-5　仿真结果图

针对基础承载力进行验算：基础计算的局部受压承载力为 6640kN，远大于极端工况下的基础需承受的荷载值 2575kN；计算的局部受拉承载力为 1859.32kN，小于极端工况下的基础需承受的荷载值 2310kN。发现 C 腿基础局部受压承载力足够，而受拉承载力不足。综上，基础素混凝土（未配筋）局部受拉承载力不足是主因。

根据现场调研，铁塔周边地质环境良好，未见坡体有任何变形迹象，观察保护帽周边土体与混凝土接触面，未见摩擦痕迹。询问班组成员，铁塔没有倾斜，且塔材未有变形现象。综合分析，铁塔周边环境未孕育地质灾害隐患，排除铁塔受不稳定斜坡或滑坡地质灾害影响。初步推断为风荷载造成的导线与铁塔应力传输，持续作用至基础疲劳性破坏。

3. 结论与建议

（1）根据上述原因分析，对 500kV 城×线××塔 C 腿加装了拉线，同时在 C 腿两侧各设置一个带承台的反力桩，反力桩上部通过两根 H 形工字钢梁连接，钢梁从塔脚板底部穿过与塔脚板的延伸部分通过螺栓连接为一体，再将整个工字梁结构与塔脚板基础整体浇筑，形成一个梁承台，对 C 腿基础起到卸荷载的作用。

（2）铁塔上游布设截水沟，引排上游地表径流；保护帽铺上防雨布，防止降雨入渗基础内部；避免冬季施工，水分冻结，造成混凝土冻裂；利用地质雷达探测城×线××塔周边地质结构组成，了解地下水分布，掌握基岩埋深及地下空洞情况。

案例七：500kV 康×线典型区段地质灾害风险评估

一、案例概况

在 500kV 康×线 226 号铁塔塔位处发现该塔 ABCD 腿主材变形严重，BC 面 B 腿侧八字铁变形严重，B 腿附近辅材多处出现弯曲变形（有一处断裂），AD、BC 面水平材出现较明显变形现象。为进一步核实 500kV 康×线 226 号铁塔位处滑坡稳定性、塔位地质稳定性及改线方案，团队于 2021 年 2 月 5 日对 500kV 康×线 226 号铁塔位及改线方案涉及的周边山体斜坡进行了现场调查和无人机航拍，如图 1-7-1 所示，对塔位所处斜坡稳定性进行了定性评价。

(a) 226号铁塔斜坡全貌照片

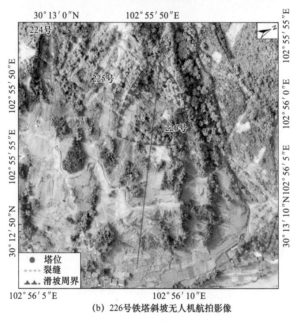

(b) 226号铁塔斜坡无人机航拍影像

图 1-7-1 226 号铁塔斜坡概况图

二、案例分析

1. InSAR 技术探测结果

图 1-7-2 为该隐患点光学影像及 Stacking 差分干涉图堆叠结果，其上并未

显示有明显形变特征；图 1-7-3 为线性形变反演得到的年均形变速率图（沿雷达视线向方向，即 LOS 方向），其中红色值表示地物目标沿着 LOS 方向靠近卫星运动，蓝色表示地物目标沿着 LOS 方向远离卫星运动。在坡体上选择 Point A 典型形变点，绘制其历史形变曲线，如图 1-7-4 所示，在 2017 年 1 月～2020 年 1 月这三年时间内，Point A 历史累积形变为 -1mm。

(a) 光学影像图　　　　　　　　　(b) Stacking 差分干涉堆叠图

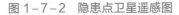

图 1-7-2　隐患点卫星遥感图

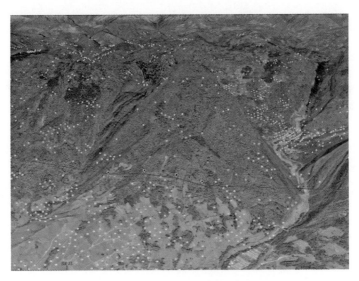

图 1-7-3　InSAR 形变速率图

此次室内 InSAR 技术探测结果显示滑坡所在山体不存在形变，图 1-7-4 反映 Point A 历史形变量仅存在小范围波动，整体呈现稳定态势。

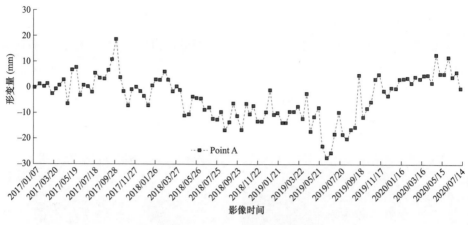

图 1-7-4　Point A 形变量历史曲线

2. 野外调查结果

通过无人机航拍影像解译，勾绘出滑坡体边界，并利用无人机的 DSM 数据，绘制滑坡区的剖面图，如图 1-7-5 所示。

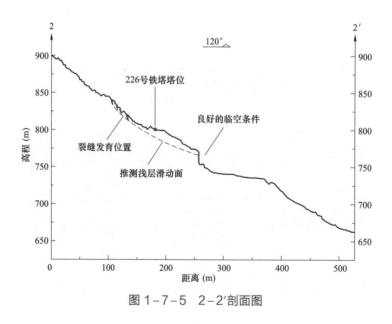

图 1-7-5　2-2′剖面图

无人机三维数字模型反映强滑坡前缘存在临空面，为坡体滑动提供良好地形条件。

位于滑坡内的 226 号铁塔 4 支塔基处均发现坡体变形迹象，如图 1-7-6 所示，A 腿混凝土基础与周围土壤出现分离现象，后期经过相关人员维护，现已将基础处裂缝回填，经工作人员反映 B 腿基础周围土体曾出现完全剥离现象，现已采取回填措施，C、D 腿基础处可见明显的下挫迹象，下挫高度约 0.4m，推测 C、D 腿基础周围的土体曾完全剥离，现已采取回填措施。

图 1-7-6 226 号铁塔四腿基础处变形迹象

在滑坡中后部，铁塔上方约 30m 处可见裂缝发育痕迹，如图 1-7-7 所示，现已采取回填措施治理，工作人员告知裂缝未填充前宽度可达 16cm，通过实地测量及无人机航拍结果知裂缝延伸长度约 120m，沿裂缝发育方向可见多处坡体存在下挫迹象，如图 1-7-8 所示。

滑坡后部可见坡体表层土体滑动，基岩出露，岩层倾向坡外，产状 16°∠38°，如图 1-7-9（a）所示。坡体表层土体呈棕黄色，稍湿，土质松软，主要成分为黏土，夹杂少量直径 1～2cm 的碎石。土体下伏基岩为粉砂岩，灰色，风化程度极高，抗剪强度低，如图 1-7-9（b）所示。

图 1-7-7　226 号铁塔上方裂缝发育迹象

图 1-7-8　沿裂缝发育方向坡体下挫

(a) 滑坡后部局部滑动　　　　　　　　(b) 滑坡后部出露强风化泥岩

图 1-7-9　滑坡后部

3. 斜坡稳定性综合评估

室内 InSAR 技术探测结果反映滑坡所在山体整体未发现形变信息，但铁塔所在的滑坡体前、中、后部均有显著变形迹象，其后缘发育多级裂缝，中部发育多级下错台坎，前缘可见垮塌变形，整体稳定性较差。造成室内外结果存在矛盾的原因可能是滑坡形变速率过快，InSAR 技术对于形变过快导致的失相干地区无法探测准确形变。

综上，结合室内外工作结果分析认为：铁塔处斜坡局部存在形变，该形变是由于浅层土体滑动造成的。结合水文气象资料，认为铁塔处滑坡变形可能是由于 2020 年雨季强降雨导致。首先，充沛的雨量在地表形成径流，冲刷、侵蚀、软化坡表，松散土体。其次，雨水下渗使坡体地下水位抬高，地下水扬压力增大，最终导致坡体浅层土体产生显著形变，发生浅层滑动。

目前，由于滑坡形变显著，铁塔塔身及基础受到不同程度影响，现阶段已对该铁塔塔身进行简单加固处理，对塔基处的裂缝进行回填，暂时可以保证铁塔的输送电工作正常进行，但根据地表形态、地貌特征的变化及滑动特征分析，该滑坡处于欠稳定状态，在后期降雨作用下存在滑坡失稳的可能。

通过无人机航拍影像和多期光学遥感影像，发现 500kV 康×线 224、225 号铁塔均有局部垮塌现象，如图 1-7-10 所示，良好的临空条件和浅层松散的土体很可能使坡体在强降雨等外力作用下发生浅层土体滑动。

图 1－7－10 类似风险区影像

案例八：±500kV 德×线典型区段地质灾害风险评估

一、案例概况

2021 年 10 月 7 日，因连续强降雨诱发±500kV 德×直流 407－409 号塔滑坡失稳，威胁重要输电线路德×直流，是运维单位遇到的规模最大的滑坡。根据现场调查，407－409 号塔的滑坡位置在历史上还曾发生过特大型滑坡，后期当地居民对老滑坡体上进行开垦，该滑坡附近植被非常茂密、降雨补给充分，上山路径被完全阻断，人不能至。覆盖层厚度较薄（约 2m），下伏基岩为砂岩夹薄层泥岩，在强降雨条件下容易形成软弱滑动面，造成坡体失稳，如图 1－8－1 所示。滑坡现场能清晰听到树木破裂声、坡体内部挤压的爆裂声，说明滑坡处于移动变形中。

±500kV 德×直流 407－409 号塔滑坡为降雨诱发型滑坡。据现场反馈，截

至 10 月 22 日，滑坡距离 407 号塔相比昨日无明显变化（如图 1-8-2 所示），
线路运行正常。

图 1-8-1　±500kV 德 X 直流 407-409 号塔滑坡全貌图

图 1-8-2　10 月 22 日 407-409 号塔滑坡现场照片

±500kV 德×直流 407-409 号塔滑坡，属于老滑坡堆积体局部复合。老滑坡失稳后，当地居民对坡体进行开垦，在后期强降雨作用下，诱发 407-409 号塔滑坡发生，且该滑坡目前仍在变形中，其中 407 号塔更易受到威胁。

二、案例分析

10 月 7 日，因连续强降雨诱发±500kV 德×直流 407-409 号塔滑坡；10 月 8 日，能清晰听到树木破裂声、坡体内部挤压的爆裂声，滑坡处于移动变形中，不具备现场勘查条件；10 月 10～25 日，利用卫星 InSAR、地基雷达等技术跟踪监测铁塔及滑坡，407-409 号塔基础稳定，滑坡整体稳定，局部存在失稳滑移现象。

1. 滑坡特征分析

通过机载 LiDar 扫描（图 1-8-3）和高密度电法（图 1-8-4）分析得出，408-409 号塔坐落在一老滑坡堆积体上，407 号塔在坡脚处，老滑坡堆积体后期演变成了两个次级滑坡，即滑坡Ⅰ和滑坡Ⅱ。技术人员利用机载 LiDar 点云剔除地表植被，建立滑坡地表三维模型，如图 1-8-5 所示。

图 1-8-3　LiDar 扫描现场

图 1-8-4　高密度电法探测布设

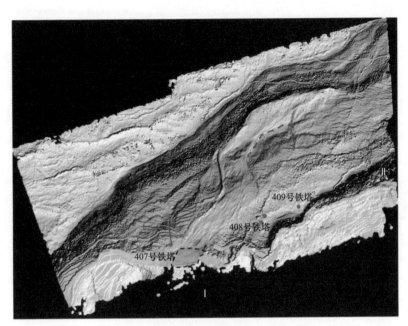

图 1-8-5　剔除植被后的滑坡三维模型

（1）滑坡Ⅰ情况。滑坡Ⅰ位于 407 号塔正上方，根据高密度电法分析及滑面搜索估算滑坡Ⅰ方量约为 $6.75 \times 10^5 \mathrm{m}^3$，在不利工况下将威胁 407 号塔安全，滑坡Ⅰ局部区域于 2019 年已发生滑移（即滑坡①），距离 407 号塔较远，尚未受到影响，如图 1-8-6 所示。

为分析 407 号塔上方滑坡Ⅰ坡体结构及稳定性，开展高密度电法分析，布设纵向测线长度为 80m，横向测线长度为 40m，如图 1-8-7 所示。

图 1-8-6　滑坡Ⅰ位置

图 1-8-7　电法测线位置

图 1-8-8 为纵向测线剖面图。407 号塔处上部堆积土层厚度 2～4m，下部电阻率显著增加，推测为基岩；在 30～35m 处经过公路地面，形成一个高电阻面区；沿 407 号塔向滑坡Ⅰ上游方向堆积层逐渐变厚。由于地形限制，探测深度有限，推测 407 号塔上方滑坡Ⅰ堆积土层平均厚度大于 20m，方量约为 $6.75 \times 10^5 m^3$。距 407 号塔上方约 50m、地下约 13m 处开始出现地下水分布。

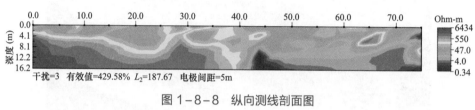

图 1-8-8　纵向测线剖面图
（红色：岩石；蓝色：地下水；绿色：土壤）

图 1-8-9 为横向测线剖面，横向测线剖面离 407 号塔约 8m，大部分为水田，受水浸泡，所以整体电阻率较小，前端靠近滑坡Ⅱ堆积体，本次滑坡Ⅱ发生滑坡后，由于降水作用在堆积体上形成冲沟，雨水沿沟发生径流以及入渗，导致在该剖面前端形成一个较低电阻区，地下水丰富。

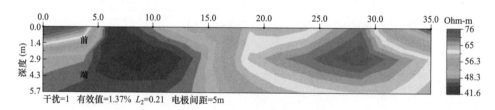

图 1-8-9　横向测线剖面图
（红色：岩石；蓝色：地下水；绿色：土壤）

（2）滑坡Ⅱ情况。本次滑动的是滑坡Ⅱ，滑坡方量估算为 $1.26 \times 10^6 m^3$，主要变形破坏特征是在流水作用下的泥流现象，下部堆积体距离 407 号塔约 5m，上部堆积体距离 408－409 号塔约 90m，均未造成影响。408－409 号塔靠近滑坡侧有高约 2m 的基岩台阶，阻碍了滑坡向 408－409 号塔的滑动，如图 1-8-10 所示。

图 1-8-11 中显示，滑坡Ⅱ孕育次级滑坡（即滑坡②），距离 408 号塔水平距离约 90m，因为道路阻断，无法达到现场布设高密度电法探测，掌握不到

详细的土方量,不过该滑坡表层有溜滑现象,在持续强降雨或地震不利工况下有可能整体下滑,对 408 号塔产生冲击,对 409 号塔无影响。

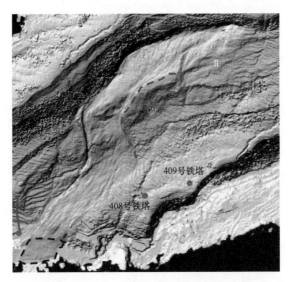

图 1-8-10　滑坡Ⅱ及次级滑坡②位置

图 1-8-11　滑坡Ⅰ堆积体与 408-409 号塔关系

2. 监测技术及数据简介

利用永久散射体合成孔径雷达干涉测量技术(PS-InSAR)监测滑坡变形,具有无须布设监测控制网、可全天候自动观测、覆盖范围广等优势。PS-InSAR技术选用 21 景哨兵图像(图像重访周期为 12 天)进行分析,最近一期图像成像时间是 10 月 20 日。

观测区域纬度范围为 32.35°～32.39°，经度范围为 105.98°～106.04°。共选取到 10949 个相干点进行监测，监测区域整体呈现为沉降趋势，少数区域有抬升迹象，最大抬升速率为 4.34mm/a，最大沉降速率为 27.58mm/a，407-408 号基础附近形变量最大接近 8mm，铁塔基础目前稳定，见图 1-8-12。

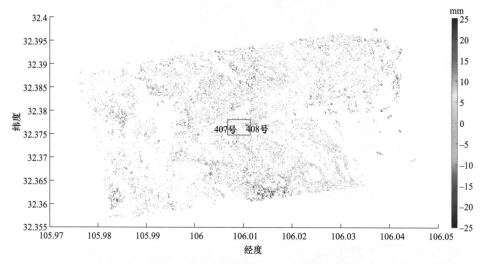

图 1-8-12　截至 2021 年 10 月 25 日研究区域累计形变量

从 407-408 号塔之间各相干点的时间序列平均累计形变曲线看，该区域从 6 月中下旬开始整体出现较为明显的加速形变趋势，如图 1-8-13 中红色标记线所示。

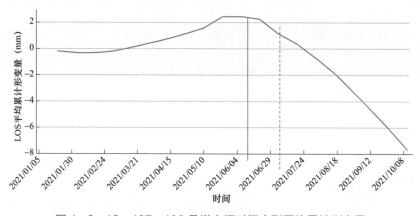

图 1-8-13　407-408 号塔之间时间序列平均累计形变量

3. 稳定性分析

利用塔位原始勘察资料岩土体参数（见图 1-8-14），结合高密度电法反演成像结果，计算 407 号塔上方滑坡 I 天然和降雨状态下"1-1"剖面稳定性，如图 1-8-15～图 1-8-17 所示。

杆塔编号	测量桩号	工 程 地 质 条 件					地下水位（米）	地载及不良地质作用	建议及注意事项
		岩土名称及简要特征	γ kN/m³	C kPa	φ度	f_ak kPa			
N2141	C2201	0.00~2.20m 粉质黏土，黄褐色，可~硬塑，混碎石及角砾。2.20m 以下为强风化泥质砂岩，夹薄层状泥岩。	17.5 21.0	16 40	18 18	170 350	/	低山山脊台地侧部，地形宽缓，A、D腿处坡度约10度，B、C处约5度，旱地，B腿方向17.0m处有一排水沟，D腿处汇流型冲沟发育。中心桩左侧20m，前方35m为"某山诸洞门煤矿"的矿权边界，据调查：该煤矿现处于"回采期"。	1、建议B腿外侧的排水沟采用浆砌块石加固，长约15米；2、建议D腿外侧（临山脊）修筑长约20米的浆砌块石排水坝，使水流沿山脊向下排走；3、弃土置于塔位前方30米外山脊处堆放。
N2142	J221	0.00~2.00m 粉质黏土，黄褐色，可~硬塑，混碎、块石，表层0.30m为软塑状。2.00m以下为砂岩，夹薄层状泥岩，强风化厚约1.0米，以下为中风化。	17.5 21.0 23.0	16 50 160	18 24 28	180 350 500	/	低山坡脚台地边缘，为梯田，梯高1.50~2.00m，中心桩位于田块上；A、B腿位于坎上水田中，C、D位于坎下水田；D腿方向11.5m外为高2.0m的坎，坎下C腿方向9.0m外为高3.0m的坎；季节性水田。	1、建议C腿外侧陡坎处宜采用浆砌块石保坎，长约10米；2、C、D腿应采用人工掏挖基础，严格控制，保持C、D腿外侧田坎原始地貌；3、弃土置于塔位后方30米外均匀推放，严禁弃于C、D腿处；4、雨季等施工应采取相应的排水措施。
		校 核:						勘 测:	

图 1-8-14 德×线塔位岩土体勘察资料

图 1-8-15 407 号塔上方滑坡 I "1-1"剖面（滑动方向正对铁塔）

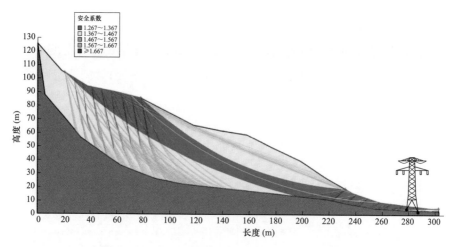

图 1-8-16 天然条件下滑坡 I 潜在滑面示意图

（白色滑面为稳定性最小值）

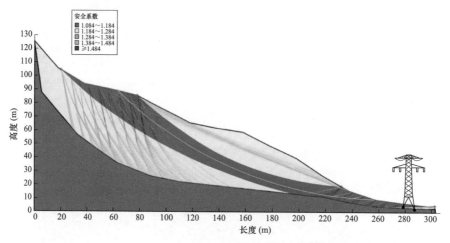

图 1-8-17 降雨条件下滑坡 I 潜在滑面示意图

（白色滑面为稳定性最小值）

参照 DZ/T 0218—2006《滑坡防治工程勘查规范》（见表 1-8-1），通过稳定性计算结果表明：407 号塔上方滑坡 I 天然情况下为稳定状态，最小稳定性系数为 1.267；在降雨工况下为基本稳定状态，最小稳定性系数为 1.084。

表 1-8-1　　　　　　　　　稳 定 性 状 态 分 级

稳定性系数	$F_s < 1.00$	$1.00 < F_s \leqslant 1.05$	$1.05 < F_s \leqslant 1.15$	$F_s > 1.15$
稳定状态	不稳定	欠稳定	基本稳定	稳定

4. 运维建议

滑坡对 407−408 号塔造成潜在威胁，影响德×直流的安全运行，提出运维建议如下：

（1）加强 407−408 号塔滑坡巡视、观察工作，在天气晴朗时，运维单位应开展无人机飞巡，重点关注滑坡后缘下挫位置有无扩展、松散堆积体有无扩散到铁塔位置，并及时报送电科院。

（2）407−408 号塔滑坡周边环境植被茂密、山路被阻断，人不能至，建议请专业队伍或利用机载 LiDar 等技术，对滑坡体进行详勘，明确滑坡变形特征，摸清 407−408 号塔滑坡上游是否存在裂缝（会对铁塔造成二次威胁），掌握滑坡变形趋势，必要时可布设铁塔抵御措施等。

（3）建议在 407 号塔塔体布置铁塔倾斜监测装置或基础位移监测装置等，动态掌握铁塔本体变形情况，为省公司灾情工作部署提供数据支持。

案例九：500kV 二×线典型区段地质灾害风险评估

一、案例概况

500kV 二×线路某塔地处典型深切割侵蚀−构造高中山、低高山地貌区，峰岭海拔 3000~4000m，谷岭高差 500~1000m 不等，塔位位于山体中下部山脊近脊斜坡，顺脊方向坡度 15°~20°，两侧均为 40°斜坡，DB 腿近顺坡，B 腿位于下坡侧，D 腿近正山脊。

2021 年 9 月 3 日，500kV 二×线某塔下坡侧发生滑坡，如图 1−9−1 所示。

二、案例分析

1. 滑坡变形特征

根据现场调查，铁塔滑坡体主滑方向长 70~90m，横向宽约 50m，滑坡后缘形成坡度 50°~55°、高约 26m 陡坡。根据本次勘察揭露，滑体平均厚度约

7m，滑坡体方量约 $3.1 \times 10^4 m^3$，根据 GB/T 32864—2016《滑坡防治工程勘查规范》附录 B 表 B.2 判定，本滑坡为小型、浅层滑坡。

图 1-9-1　某铁塔滑坡后地形地貌

滑坡特征如下：

（1）铁塔下坡侧为明显上陡下缓地形楔状负地形，楔形滑床后壁为长约 33m、宽约 50m、高约 26m 的高坎状陡坡，右侧缘为最高高差约 7m 的陡坎，左侧缘为最高高差约 6m 的陡坎，其后缘、侧缘清晰，符合圆弧滑动面上陡下缓特征。

（2）缓坡段下侧坡面（坡面泥石流区）除表层植被、腐殖土被冲蚀外，整个坡面与周边地形完全整合，无坡体滑移形成的错落、跌坎等异常地形，滑坡发生后，坡面汇水沿原天然冲沟继续下蚀，冲蚀产生深 2~3m、宽 1~2m 的深窄冲沟，冲沟两侧可见表层 20~50cm 厚的滑坡土与坡面原土层的分层线，结合滑体地处高位的特征，判断该区域为滑体向下运动过程中冲蚀浅表层所致，未形成贯通滑面，如图 1-9-1 所示。

2. 铁塔变形特征

目前，本滑坡后缘已至 B 腿桩基础，B 腿基础外露约 3m，虽然与原设计露高相差不大，但其下坡侧原始坡面岩土体已滑走，坡面形态发生较大变化，AB 两腿桩基础直接面临高陡滑坡后壁。整体上，塔材顺直未见肉眼可见变形，如图 1-9-2、图 1-9-3 所示。根据现场测量，各腿高程与设计值基本一致，未见显著变化。经过铁塔使用条件校核，目前该塔仍未超用塔条件，但桩端位移安全裕度仅 1.4%，一旦坡体再次发生滑动，即便是非常小范围滑动，超过设计允许使用条件的可能性非常大。

图 1-9-2　各主材顺直无肉眼可见变形

3. 滑坡原因简析

本滑坡所处坡面此前未见变形迹象，见图 1-9-4、图 1-9-5，结合勘察资料与调查走访判断：坡体为残破积含碎石粉质黏土，渗透系数较大，原始地表植被发育，对降水下渗有较好的阻止作用；本工程终勘定位及施工后，坡面树木逐渐被砍伐，在常年风化、雨水下渗等作用下，含碎石粉质黏土层岩土力学参数逐步下降；同时基岩风化加剧，全～强风化厚度加大，致使坡体安全储备不断降低。

图 1-9-3　铁塔范围内坡面情况

图 1-9-4　塔位及本次滑坡范围卫片　　　图 1-9-5　塔位及本次滑坡范围卫片
（2012 年影像）　　　　　　　　（2016 年影像，与图 1-9-4 同比例尺）

　　根据距离本塔位最近气象站资料，如图 1-9-6 所示，本次滑坡发生前一个月，累计降雨量高达 560.2mm，为往年同期的 370%。其中，大雨 8 天、暴雨 4 天，最高日降雨量高达 64.5mm；本次滑坡发生前已连续降雨 11 天，累计降雨量 307mm。在集中强降雨的作用下，受降雨冲刷、动水压力，与雨水下渗、降低岩土体力学参数特别是抗剪参数的共同影响，诱发本次滑坡。

　　综上判断，本次滑坡发生的根本原因是失去植被保护后，浅层岩土体力学性质逐步降低；直接诱因为连续集中强降雨。本次高位滑坡后，滑体顺坡运动，冲蚀裹挟下坡侧浅表层土体，至沟底为止。滑体平均厚度约 7m，滑坡体方量约 $3.1 \times 10^4 \text{m}^3$，为小型浅层滑坡，大部分滑体已冲至坡脚大沟内，已被冲走消失。

　　4. 塔基边坡稳定性评价

　　滑坡后缘陡坡坡度 50°～55°、高约 26m，主要由全～强风化状态辉长岩与

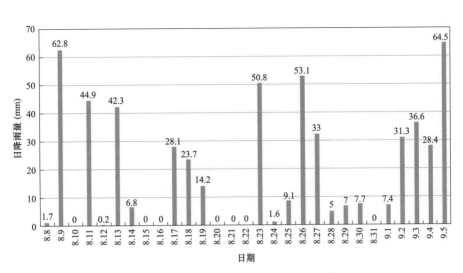

图 1－9－6　滑坡发生前后工程区降雨数据

表层厚度较薄含碎石黏土构成，岩体风化不均匀，表现出较球状风化特征，岩体结构为碎裂状结构，主结构面无明显规律，从滑体散落于坡面泥石流区均为 2～20cm 小岩块判断，岩体破碎程度较高、结构面基本无结合，初判该岩质边坡岩体分级为Ⅳ级，按 GB 50330—2013《建筑边坡工程技术规范》第 4.1.4 条规定，该类边坡高度大于 8m 时为不稳定边坡。

根据现场踏勘，缓坡段未见明显鼓胀、地裂缝等变形迹象，与其下坡侧 35°～45°斜坡顺接。结合邻近区域，采用工程地质类比法判断，其目前处于基本稳定状态。

综上判断，铁塔滑坡后壁陡坡属不稳定边坡，在短期无连续强降雨等外界干扰下，处于暂时稳定状态，但长期暴露必然将继续滑塌。

5. 结论和建议

目前铁塔基础发挥了一定的抗滑作用，天然工况下稳定性较好，但暴雨、地震工况下稳定性变差，一旦出现地震或连续降雨导致岩土力学参数降低，塔基边坡极易出现再次滑动。滑动形态主要以浅表层滑动为主，虽然不会导致塔基边坡整体破坏，但必将导致铁塔超过设计用塔条件，出现铁塔塔材弯曲乃至结构失效等情况。因此，建议对该塔基边坡采取一定的应急措施（临时）：

（1）填塞塔位左下侧坡面裂隙，防止雨水下渗进一步加剧变形。

（2）加强运行观察，密切关注该滑坡体的发展趋势。

（3）建议扩大彩条布范围，尽量覆盖暴露坡面。

（4）塔位附近应设置地质灾害警示提示标牌、标志，提醒过往村民。

（5）加强对滑坡体的监测工作应指派人员定期监测，降雨后应及时巡查、加强巡视频率，重点观察坡面有无新增裂缝及鼓胀、基础与桩周土体接触情况、塔材有无变形迹象。

案例十：500kV 卡×线典型区段地质灾害风险评估

一、案例概况

500kV 卡×线于 2011 年 7 月完成施工图外业，2015 年 3 月初正式投运。500kV 卡×线出线段由于受地形限制，同时为第二回线路预留通道，出线段 4 基塔采用同塔双路架设，其余塔位全部采用单路架设，出线段地形线路架设前后如图 1 - 10 - 1 所示。

(a) 架线前　　　　　　　　　　　　(b) 架线后

图 1 - 10 - 1　500kV 卡×线出线段地形架设对比图

500kV 卡×线某1塔、某3塔位滑坡隐患已于2015年底开展治理，目前，治理后的某1塔上方危岩垮塌将 B 腿腿部斜材砸坏，某3塔出现原浅层滑坡进一步滑动。其中某1塔型 SJC4103A－27.9(36)，某3塔型 SJC4102A－35.7(43.5)，两塔未超设计条件。基础均采用人工挖桩基础，两塔位基础参数见表1－10－1、表1－10－2。

表 1－10－1　　　　　　　　　　某 1 塔位基础参数

腿号	A	B	C	D
基础型号	WSJB5A－30JI	WSJB5A－15JI	WSJB5A－20JI	WSJB5A－40JI
直径（m）	2.5	2.4	2.4	2.5
桩埋深（m）	11.6	11.3	11.1	11.7
桩全长（m）	12.5	11.5	12.0	13.5

表 1－10－2　　　　　　　　　　某 3 塔位基础参数

腿号	A	B	C	D
基础型号	WSJB3A－30YI	WSJB3A－10YI	WSJB3A－40JI	WSJB3A－40JI
直径（m）	2.2	2.0	2.4	2.4
桩埋深（m）	10.8	8.4	12.6	9.7
桩全长（m）	11.6	9.0	13.2	13.2

二、案例分析

1. 地质灾害概况

（1）某1塔地质灾害现状。某1塔位位于线路左侧（东侧）陡崖底部的陡坡上，铁塔采用高低腿，塔位地基稳定，如图1－10－2所示。塔位纵向位于斜坡中下部，横向位于沟槽中部，上部斜坡地形较陡，为40°～45°，主要受东侧山体崩塌灾害威胁，如图1－10－3所示。塔位东侧山体陡峻，坡度达70°～80°，局部近直立，分布高差初步估计80～150m，顺线路走向崩塌影响区长约120m，山体坡脚距塔位位置15～20m。崩塌区岩体裂隙发育，风化强烈，在自重、降雨及其他外力影响作用下，时常产生崩落块体，威胁塔位安全，目前已造成塔位上部原修建的2道被动防护网被击穿砸坏，如图1－10－4所示，击中 B、C

腿间斜材并造成斜材脱落。本次击中 B、C 腿斜材的崩塌危岩，与 2015 年崩落危岩体源自东侧陡崖的不同位置。

图 1-10-2 某 1 塔位坡面位置

图 1-10-3 某 1 塔位东侧山体崩塌滚落痕迹

图 1-10-4 某 1 塔位上部被动网砸坏

（2）某 3 塔地质灾害现状。某 3 塔位位于斜坡顶部山脊的外侧斜坡，如图 1-10-5 所示，斜坡地形较陡，坡度 20°～30°，靠外侧铁塔塔腿距离斜坡边缘仅 1～2m。铁塔采用高低腿，均采用人工挖孔桩基础。4 个塔腿间发育有 1 处浅层土质滑坡。与 2015 年时踏勘情况对比，该滑坡已进一步发展并在继续发展。

目前，滑坡后缘位于 A、B 塔腿下部，以滑动变形产生的拉张裂缝为界，滑坡前缘位于 C、D 塔腿下部的斜坡边缘，两侧均以滑动变形产生的裂缝为界，滑坡周界清晰，如图 1-10-6～图 1-10-11 所示。滑坡区纵向长 25～30m，

出露基岩，为变质砂岩

图 1-10-5 某 3 塔位地形

横向宽 20～25m，推测平均厚度 3～5m，滑坡体方量约 3500m³，为小型土质滑坡。该滑坡变形迹象主要表现为滑坡后缘及两侧产生裂缝和下错变形，裂缝宽度 20～30cm，可见深度 30～40cm，裂缝呈环状连续分布，下错高度 30～50cm；滑坡前缘 C、D 腿外侧斜坡产生表层溜滑，溜滑区宽 2～3m，滑动深度 1～2m，现溜滑后形成冲沟。受其影响，C、D 腿间土体均向下坡侧滑移，造成整个塔位右侧陡崖坡面覆盖新鲜黄土；C 腿外侧土体下滑错落高度约 1.5m；D 腿基础外露约 2.5m。

图 1-10-6 塔位全景照片

图 1-10-7 塔位间滑坡后缘

图 1-10-8　塔位滑坡左侧边界　　　　图 1-10-9　塔位 D 塔腿前缘溜滑

(a) 2015年现场图　　　　　　　　　　(b) 2019年现场图

图 1-10-10　塔 D 腿前后对比图

(a) 2015年现场图　　　　　　　　　　(b) 2019年现场图

图 1-10-11　塔 C 腿前后对比图

2. 地质灾害危害现状及危险性

（1）某1塔。根据现场调查与测量，某1塔位地基稳定，基础未发生移动，仅A、B腿部分杆件由于受落石的撞击发生弯曲破坏。

塔位位于东侧崩塌区下部，距崩塌区山体坡脚水平距离较近，且多为高位崩塌，若塔位正上方岩体发生崩塌，破坏模式多为坠落式，其崩塌的岩体产生的能量较大，崩落岩体将直接砸向塔位，对塔位安全造成威胁。同时，由于塔位位于斜坡沟槽中下部，上部斜坡东侧山体发生崩塌后，崩塌体沿坡面顺沟槽滚落，并带动斜坡上原有松散块石一起运动，对下部塔位安全构成威胁。

（2）某3塔。某3塔位发生浅层土体滑动，分别于2015年11月及2019年4月对基础高差和根开进行测量，时间间隔约为3年半，前后两次测得的基础高程及对角根开变化很小，详见表1-10-3、表1-10-4。

表1-10-3　　　　铁塔各基础顶面相对高差（2015.11）

实际高差（m）	A	B	C	D
A	0.000	1.510	9.060	10.565
B	1.510	0.000	10.570	12.075
C	9.060	10.570	0.000	1.505
D	10.565	12.075	1.505	0.000
理论高差（m）	A	B	C	D
A	0.000	1.500	9.000	10.500
B	1.500	0.000	10.500	12.000
C	9.000	10.500	0.000	1.500
D	10.500	12.000	1.500	0.000
理论值－实际值（m）	A	B	C	D
A	0.000	0.010	0.060	0.065
B	0.010	0.000	0.070	0.075
C	0.060	0.070	0.000	0.005
D	0.065	0.075	0.005	0.000

表 1-10-4　　　铁塔各基础顶面相对高差（2019.04）

实际高差（m）	A	B	C	D
A	0.000	1.514	9.058	10.564
B	1.514	0.000	10.572	12.078
C	9.058	10.572	0.000	1.505
D	10.564	12.078	1.505	0.000
理论高差（m）	A	B	C	D
A	0.000	1.500	9.000	10.500
B	1.500	0.000	10.500	12.000
C	9.000	10.500	0.000	1.500
D	10.500	12.000	1.500	0.000
理论值-实际值（m）	A	B	C	D
A	0.000	0.014	0.058	0.063
B	0.014	0.000	0.072	0.078
C	0.058	0.072	0.000	0.005
D	0.063	0.078	0.005	0.000

从表 1-10-3 和表 1-10-4 对比可以看出，某 3 塔位前后间隔 3 年半，测出的铁塔各基础顶面的相对高差差值最大为 4mm，表明这 3 年半的时间铁塔各基础基本没有发生相对沉降。B、D 腿之间的理论值与实际值差别最大，达到了78mm，主要原因为塔位为转角塔，A、B 腿基础施工时为防止铁塔组立后发生内倾将基础进行预抬处理，导致 A、B 腿相对 C、D 腿的高程产生差值，而非地基滑动引起。

铁塔基础对角根开变化结果详见表 1-10-5、表 1-10-6。

表 1-10-5　　　铁塔对角基础根开对比表（2015.11）

腿号-腿号	理论根开（mm）	实际根开（mm）	差值（mm）
A-C	25421.9	25413.3	-8.6
B-D	25421.9	25412.4	-9.5

表 1-10-6　　　铁塔对角基础根开对比表（2019.04）

腿号-腿号	理论根开（mm）	实际根开（mm）	差值（mm）
A-C	25421.903	25421.900	0.0
B-D	25421.903	25417.400	-4.5

注　"＋"表示根开增大，"－"表示根开减小。

从表 1 - 10 - 5 和表 1 - 10 - 6 对比可以看出，基础对角根开值的测定，A、C 腿和 B、D 腿的对角根开实测值与理论值相差较小，差值可能是施工误差和测量误差引起。同时，前后两次测得的基础对角根开基本一致，前后两次的误差也仅有 8.6mm，而基础对角根开为 25421.903mm，误差约为对角根开的 0.034%，差值可能是由测量误差引起。可以判断这 3 年半铁塔各基础没有发生相对水平位移。

根据表 1 - 10 - 3～表 1 - 10 - 6 的测量结果，可判断塔位表层土体的滑移没有引起基础的滑动。

塔位 4 个塔腿间发育该滑坡，且滑坡周界清晰、变形迹象明显，根据现场测量，塔位 4 个塔腿均未产生明显滑移或沉降变形，说明塔腿桩基应该是深入稳定基岩，与原设计要求基本吻合。塔位塔腿桩基础现阶段虽未产生明显变形，但塔腿间滑坡变形迹象明显，前缘已产生浅层溜滑，若任其不断滑动变形，溜滑范围扩大，塔腿周围土层将可能全部滑走。一方面，土体滑动将会对塔腿桩基产生水平推力；另一方面，塔腿周围土体溜走后，塔腿桩基外露段将失去原有土层侧向土压力保护，塔位在受水平力作用时，塔腿桩基将产生侧向弯矩和剪力，影响塔基安全。

3. 结论和建议

（1）某 1 塔位受东侧崩塌及上部崩落滚石双重威胁，目前已建被动防护网局部被砸坏，基本不再具备防护效果，地质灾害危险性较大，应尽早进行有效防治。

（2）尽早对某 3 塔基塔腿间滑坡开展工程治理，确保塔腿间土体稳定，防止滑坡持续变形对塔基的安全造成影响。

第二章
输电线路走廊典型地质灾害防治案例

案例一：110kV 苏×线××支线典型地质灾害防治

一、案例概况

110kV 苏×线××支线某塔位为跨越成绵乐客运专线高铁线路南侧的直线铁塔，地貌处于四川盆地西南边缘的红层浅切丘陵，处在坡向北西的山丘斜坡坡顶，斜坡总体坡度 25°～28°；地质构造处于扬子准地台（Ⅰ级）四川台拗（Ⅱ级）川中台陷（Ⅲ级）威远龙女寺台穹（Ⅳ级）南西部，处于北东南西走向的新桥断层带附近的北西盘；基地岩层为白垩系上统夹关组（K2j）砖红色泥质胶结的砂岩夹泥岩薄层，受断层构造影响岩层倾角较陡，产状 305°∠26°；斜坡岩层浅埋～裸露，为临界稳定的顺向坡地形。

2020 年"8·18"强降雨诱发塔位西部坡体大规模滑坡，滑坡范围直逼铁塔，影响塔位稳定，威胁输电线路安全运行。同时，滑坡还直接威胁坡脚的成绵乐客运专线高铁配电房安全，分布在冲沟中的滑坡堆积体间接影响高铁涵洞排水；地质灾害急需治理。为此，国网某供电公司委托某建设工程有限公司编制本滑坡的排危除险施工图设计，旨在保护铁塔安全。

二、案例分析

1. 地质灾害概况

2020 年"8·18"强降雨诱发的滑坡为顺向砂泥岩斜坡区浅表强风化层顺

层岩质滑坡，发育在浅丘斜坡区，滑向北西，坡顶几近丘坡顶部的铁塔附近，坡脚到冲沟谷底，平面呈鸭梨形，长 105m，宽 30～55m，厚 2～5m，体积约 15000m³。滑坡区为坡度 25°～28°、坡高约 50m 的顺向斜坡，岩层为 K2j 泥质胶结的砂岩夹泥岩薄层。滑坡区为顺向坡，泥质胶结的砂岩强风化层强度较低，坡脚长期浸水遭受浸泡导致坡体失去支撑，降雨入渗软化坡体、润滑岩面、增大自重，诱发了坡体滑坡。坡体浅表部强风化层滑坡后，岩层层面暴露，滑坡体堆积在下部冲沟及沟岸；但滑坡后缘尚未滑尽，仍存在高度为 2～3m 的滑坡陡坎，后期陡坎会向上扩展，直逼铁塔。滑坡区外南部山体中，拉张裂缝较为普遍且斜坡坡脚压裂明显，这些山体还会出现类似滑坡，但因远离塔位而对线路影响不大。

2. 治理工程的必要性

首先，塔位区坡体稳定性差，滑坡范围还会扩大到塔位区，进而影响铁塔安全。本铁塔为跨越成绵乐客运专线高铁线路南侧的直线铁塔，若出现倒塌事故不但会影响本线路的运行，还存在影响附近高铁线正常运行的风险。因此，实施工程治理是十分必要的，也是十分紧迫的。

3. 防治工程设计

（1）技术标准。

防治工程设计标准：根据 GB/T 32864—2016《滑坡防治工程勘查规范》，确定危害对象等级为二级，防治工程级别为 Ⅱ 级。

防治工程安全系数：滑动稳定安全系数大于等于 1.15，倾覆稳定安全系数大于等于 1.40，抗震滑动稳定安全系数大于等于 1.05，抗震倾覆稳定安全系数大于等于 1.20。

暴雨强度重现期：设计 20 年，校核 50 年。

（2）防治工程设计参数建议。在进行岩土试验参数统计及经验类比的基础上，提出参数建议值，见表 2-1-1。

表 2-1-1　　　　岩体物理力学指标建议值表

项目	岩性	结构面	强风化岩层	中风化岩层
重度 （kN/m³）	天然	—	24.4	25.8
	饱和	—	25.5	26.6

项目		岩性	结构面	强风化岩层	中风化岩层
抗剪强度	天然	内聚力 c（kPa）	10.50	60.0	900
		摩擦角 φ（°）	11.00	24.0	39.5
	饱和	内聚力 c（kPa）	10.00	35.0	600
		摩擦角 φ（°）	10.50	18.0	38.0
容许承载力 f（kPa）			—	400	900
地基系数 K（MN/m³）			—	—	100
基底摩擦系数			—	0.2	0.6

（3）滑坡稳定性及剩余下滑力计算。

1）荷载组合及计算工况。根据勘查成果，可能作用在本滑坡的荷载有坡体自重、地下水作用力、地震力。a. 坡体自重：在天然状态下，坡体自重按天然重度计算。b. 地下水作用力：在降雨状态下，地表水的渗入，导致滑体重量增加，同时水对滑带起软化作用。c. 地震力：根据 GB 18306—2015《中国地震动参数区划图》和 GB 50011—2010《建筑抗震设计规范》，勘查区地震设防烈度为 7 度，设计基本地震加速度值为 $0.10g$。

根据勘查区具体情况，为全面分析各滑坡块体在各种工况下的稳定状态，采用三种工况进行稳定性计算与分析：工况一为自重（天然工况），设计安全系数 1.25；工况二为自重＋连续降雨或暴雨（暴雨工况，为设计工况），设计安全系数 1.20；工况三为自重＋地震（地震工况，校核工况），设计安全系数 1.10。

2）计算模型及公式选择。本区土层软弱、坡体陡峻，土层较薄，下伏岩层相对隔水层，也存在沿着基覆面滑动的折线形滑坡特征。因此，本滑坡折线型进行计算。

① 计算模型：采用折线型滑坡。以岩土界面为滑动面，滑面近似折线，因此本次稳定性计算按照 DZ/T 0219—2006《滑坡防治工程设计与施工技术规范》和 GB 50021—2001《岩土工程勘察规范》（2009 年版）的有关规定，采用传递系数法对滑坡进行稳定性评价和推理计算，剩余下滑力计算按传递系数法。计

算模型如图 2-1-1 所示。

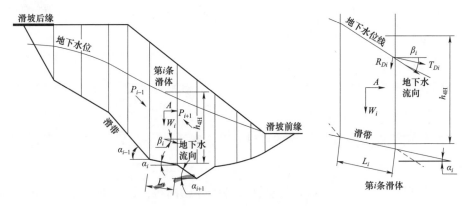

图 2-1-1　折线型滑面计算模型

② 稳定性计算。按折线型计算，稳定系数 F_s 的计算公式如下：

$$F_s = \dfrac{\sum_{i=1}^{n-1}\left(R_i\prod_{j=i}^{n-1}\Psi_j\right)+R_n}{\sum_{i=1}^{n-1}\left(T_i\prod_{j=i}^{n-1}\Psi_j\right)+T_n}$$

（2-1-1）

式中　F_s——稳定系数；

R_i——作用于第 i 块段的抗滑力（kN/m）；

T_i——作用于第 i 块段滑动面上的滑动分力（kN/m），出现与滑动方向相反的滑动分力时，T_i 取负值；

R_n——作用于第 n 块段滑动面上的抗滑分力（kN/m）；

T_n——作用于第 n 块段滑动面上的滑动分力（kN/m）；

Ψ_j——第 j 块段的剩余下滑力传递至第 $j+1$ 块段时的传递系数（$j=i$）。

在式（2-1-1）中：

$$\Psi_i = \cos(\alpha_i - \alpha_{i+1}) - \sin(\alpha_i - \alpha_{i+1}\tan\varphi_{i+1})$$

（2-1-2）

式中　α_i——第 i 段滑动面倾角（°）；

α_{i+1}——第 $i+1$ 条块所在滑面倾角（°）。

剩余下滑力计算公式：

$$E_i = F_{st}T_i + \Psi_i E_{i-1} - R_i$$

（2-1-3）

式中 E_i——第 i 块滑体的剩余下滑力（kN/m）；

E_{i-1}——第 $i-1$ 块滑体的剩余下滑力（kN/m），作用于滑块分界面的中点；

F_{st}——滑坡推力计算安全系数。

③ 参数的选取。

滑体重度：滑坡体为含碎石粉质黏土，按相关类似工程及地区经验取值。

剪出口：基岩出露处。

折线型滑面：折线型计算的滑动面，后缘为坡体拉裂缝，滑动面为岩土界面。

折线型计算条块面积：折线型计算各条块的面积由计算剖面在计算机上直接读取。

计算剖面：本次对滑坡的稳定性计算，采用 $A-A'$ 剖面，采用折线形进行计算。

c 值与 φ 值选取：根据折线形滑坡，根据 GB/T 32864—2016《滑坡防治工程勘查规范》，$A-A'$ 剖面假定稳定系数取 1.01，采用如下公式进行反演计算（给定内聚力 c 反求 φ 值）：

$$\varphi = \arctan \frac{F \sum W_i \sin \alpha_i - cL}{\sum W_i \cos \alpha_i} \qquad (2-1-4)$$

式中 F——稳定性系数；

W_i——第 i 条块自重与建筑等地面荷载之和（kN/m）；

c——滑带土内聚力（kPa）；

φ——滑带土内摩擦角（°）；

L——滑动面长度（m）；

α_i——第 i 条块滑面倾角（°），反倾时取负值。

3）滑坡稳定性计算结果。

折线型滑面稳定性：根据条分法计算。

① 滑坡稳定系数计算结果见表 2-1-2。

② 滑坡剩余下滑力计算结果。滑坡滑动安全系数按天然工况 1.25、暴雨工况 1.20（设计工况）及地震工况 1.10（校核工况），滑坡剩余下滑力见表 2-1-3。

表 2-1-2　　　　　　滑坡（斜坡）稳定系数计算结果

剖面	天然		饱和		地震	
	稳定系数	稳定状态	稳定系数	稳定状态	稳定系数	稳定状态
$A-A'$	1.12	基本稳定	0.95	不稳定	1.09	基本稳定

表 2-1-3　　　　　　剩余下滑力计算结果汇总表　　　　　　单位：kN/m

位置	天然工况	饱和工况	地震工况
最后条块	300.4	606.5	39.0
支挡条块	102.6	116.1	75.1

（4）治理工程设计。

1）总体设计。

① 既有工程及防治效果。本区在滑坡发生后，电力部门安排了当地村民专人值守，其他无工程防治措施。

② 本次设计方案及工程布置。本滑坡为浅表层顺层滑坡，拟在塔位区坡下滑坡后缘残留体上设置抗滑桩板墙进行工程支挡，抗滑桩以塔位为中心设置 5 根抗滑桩，桩心距 5.0m，支挡长度 20m（旨在保护铁塔；保护高铁设施需另做设计）。分项工程包括：

Ⅰ抗滑桩：共 5 根，桩长 9.0m，桩截面尺寸为 1.0m×1.2m，嵌入深度 3.20m，悬臂段 2.0m，C30 混凝土（砼）。

Ⅱ桩间板：外挂式，厚 30cm，C30 混凝土。

Ⅲ封闭设计：桩板墙两端设挡墙封闭，挡墙顶宽 0.6m，高 0.5～2.0m，基础埋深 0.5m，面坡 1:0.20，背坡直立，自墙顶 0.5m 下起设直径 10cm 泄水孔，挡墙采用 C20 混凝土浇筑。

Ⅳ桩板回填：采用桩孔开挖之块碎石土回填，要求回填密实无架空，坡面坡度 1:3.0。

2）分项设计。

① 抗滑桩及桩间板内力计算。抗滑桩设计基本参数见表 2-1-4。

表2-1-4   抗滑桩设计基本参数

参数名称	单位	取值
桩截面宽度 b	m	1.2
桩截面高度 h	m	1.0
桩中心距 D	m	5.0
受荷段长度 h_1	m	5.8
锚固段长度 h_2	m	3.2
桩长 H	m	9.0
剩余下滑力	kN/m	130.8

按照理正岩土软件之桩板式抗滑挡土墙计算，进行抗滑桩板墙设计。抗滑桩长9.00m，断面尺寸1.0m×1.2m，迎坡面受力主筋10ϕ25，背坡面及两侧均5ϕ25，箍筋ϕ12@200，C30细石混凝土浇筑，保护层厚度50mm；桩间板ϕ12@200双面双向网状布筋，C30细石混凝土浇筑，保护层厚度50mm；桩板与桩钢筋搭接为预埋焊接；桩板设置泄水孔，间距2.50m，ϕ110PVC管外倾15°，底排高于地面0.30m。桩板回填桩孔开挖之块碎石土回填，要求回填密实无架空，坡面坡度1:3.0。桩孔护壁厚度20cm，纵筋ϕ12@200～250，箍筋ϕ12@250，C20细石混凝土浇筑。

② 两端封闭挡墙内力计算。相关参数及计算结果见表2-1-5。

表2-1-5   桩板墙两端封闭挡墙设计计算表

项目		符号	单位	数值	计算公式或说明
基本参数	前后填土的相对密度	γ	kN/m³	19.00	
	填土的内摩擦角	φ	°	35.00	
	墙背与填土间的摩擦角	δ	°	20.00	
	墙后填土表面的倾斜角	β	°	0.20	
	墙背倾斜角（填土坡角）	α	°	15.00	
	基底摩擦系数	f_n	—	0.50	
	圬工重度	—	kN/m³	25.00	
	地基承载力	—	kPa	400.00	
	剩余下滑力	E	kN/m	0	

续表

项目		符号	单位	数值	计算公式或说明
设计尺寸	设计墙高	h	m	2.00	
	设计墙顶宽度	a	m	0.70	
	墙面坡比（1:n_1）	n_1	—	0.00	
	墙背坡比（1:n_2）	n_2	—	0.20	
	墙趾宽度	b_j	m	0.33	
	设计墙底案度	b	m	1.10	
	挡墙自重	G	kN/m	90.00	
土压力或剩余下滑力	主动土压力	E_o	kN/m	14.04	$E_o = 1/2\gamma H^2 K$
	土的水平压力	E_x	kN/m	11.50	$E_x = \max(E_a, E) \cdot \cos(a+\delta)$
	土的垂直压力	E_y	kN/m	8.05	$E_y = \max(E_a, E) \cdot \sin(a+\delta)$
抗滑稳定性	抗滑稳定性计算	K_c	—	4.26	$K_c = \dfrac{(\sum N + \triangleleft G) f_n}{E_x} = \dfrac{(E_y+G) f_n}{E_x}$
	抗滑稳定性评价	—	—	满足	
抗倾覆稳定性	抗倾覆稳定性计算	K	—	9.79	$K_0 = \dfrac{\sum M_y}{\sum M_0}$
	重心距离墙趾水平距离	x_0	m	1.03	
	重心距离墙趾垂直距离	y_0	m	0.93	
	抗倾覆稳定性评价	—	—	满足	
偏心距验算	基础底面合力作用点距离基础趾点的距离	Z_n	m	0.95	$Z_n = \dfrac{\sum M_y - \sum M_0}{\sum N}$
	合力偏心距	e	m	0.24	
	偏心距评价	—	—	满足	
基底应力验算	最大压应力	σ_{max}	kPa	68.50	$\sigma_{max} = \dfrac{2\sum N}{3 N_N}$
	地基承载力评价	—	—	满足	

　　根据上述计算分析，选用直立式挡墙。墙高 0.5～2.0m，基础置于岩层，埋深 0.50～1.00m，顶宽 600mm，墙背坡比 1:0.20，墙面直立，C20 素混凝土浇筑。泄水孔按梅花形布置，间距 2.0m，ϕ110PVC 管外倾 15°，底排高于地面 0.30m。

　　4. 施工组织

　　施工单位对场地交通、施工用水、用电，拆迁、占地与赔偿，建筑材料等施工条件进行详尽准备。抗滑桩、挡墙施工应严格按设计图要求进行施工，顺序为：放线→抗滑桩孔开挖→抗滑桩及桩间板浇筑→封闭挡墙施工→墙后回填施工→坡面整饰→竣工验收。施工单位应有专职安全人员负责施工安全，避免出现施工安全事故。施工中应加强地质监理工作，如有异常，应立即通知监理、甲方、设计作相应处理。

案例二：220kV 沫×线典型地质灾害防治

一、案例概况

220kV 沫×线某塔的地貌处在四川盆地西南边缘的构造剥蚀深切丘陵区，北西延伸的山嘴顶部。场区大地构造位于扬子准地台四川台拗川中台拱威远～龙女寺台穹的北西缘的单斜构造区，基地岩层为侏罗系上统遂宁组（J3sn）泥岩夹砂岩地层，岩层产状 296°∠7°，裂隙发育有 272°∠78° 和 356°∠85°，为平缓单斜构造，地质条件简单。

220kV 沫×线某塔位区 A－D 面发生 3 处滑坡，经专业技术人员现场踏勘确定均为小规模土质滑坡。目前 D 腿外测滑坡导致塔腿暴露，A 腿外测滑坡逼近塔腿，滑坡后缘距离塔腿约 3.0m；若不及时进行处置，则滑坡规模可能进一步扩大导致 A－D 面塔腿大面积暴露，危害性大，决定对其进行工程治理。本区岩层浅埋～裸露，表层覆盖厚度 0.5～2.0m 不等的第四系全新统残坡积层，地质灾害结构及成因明确。

二、案例分析

1. 塔位现状调查

塔位区处于北西延伸的山丘顶部，北—东侧临空，斜坡总高度 31m，坡顶覆盖厚度 0.5～2.0m 不等的第四系全新统残坡积层（Q4edl）和人工堆积层（Q4ml，原铁塔基础开挖堆填），坡体中下部裸露侏罗系上统遂宁组（J3sn）泥岩夹薄～中层状砂岩。2020 年 8 月 19 日，本区遭受特大暴雨冲刷，导致塔位区北侧和北东侧出现 3 处小规模土质滑坡，如图 2－2－1 所示。

H1 滑坡位于塔位区北侧，主滑方向 18°，滑坡体斜长约 8m，横宽 8～10m，滑体厚度 3～4m，体积约 250m³，为小规模土质滑坡。滑坡后缘位于 D 腿处，后壁高度 2.5m，滑坡导致 D 腿基础暴露，滑坡后缘塔腿附近土体受拉张作用，结构松散。

H2 滑坡位于塔位区北东侧，主滑方向 46°，滑坡体斜长约 7m，横宽 8～10m，滑体厚度 3～5m，体积约 250m³，为小规模土质滑坡。滑坡后缘陡峻，滑坡壁高度 2.5～3.0m，滑坡后缘距铁塔 A 腿约 3.0m。

H3 滑坡位于塔位区南东侧，主滑方向 57°，滑坡体斜长约 10m，横宽约 10m，滑体厚度 3～5m，体积约 400m³，为小规模土质滑坡。滑坡后壁之上 1～2m 范围内可见拉张裂缝，裂缝宽度 0.2～0.5m，呈北西—南东向延伸，延伸长度约 5m。铁塔塔腿（A 腿）距离滑坡边界 8～10m。

图 2-2-1　铁塔外侧 3 处滑坡位置示意图

2. 治理工程的必要性

三处滑坡均为上覆第四系土层沿着岩土界面发生滑动的小规模土质滑坡，均存在高度 2.0～3.0m 的滑坡后壁，临空条件明显，若不及时处置，滑坡范围可能向后缘及两侧扩大，危及铁塔安全。因此，实施工程治理是十分必要的。

3. 治理工程技术标准及设计参数

（1）技术标准。同本章案例一。

（2）滑坡稳定性及剩余下滑力计算。同本章案例一。

（3）滑坡稳定性计算结果。

1）滑坡稳定系数计算结果见表 2-2-1。

表 2-2-1　　　　　　　　滑坡（斜坡）稳定系数计算结果

剖面	天然		饱和		地震	
	稳定系数	稳定状态	稳定系数	稳定状态	稳定系数	稳定状态
$A-A'$	1.10	基本稳定	1.01	欠稳定	1.06	基本稳定
$C-C'$	1.05	欠稳定	0.97	不稳定	1.01	欠稳定
$D-D'$	1.56	稳定	1.45	稳定	1.51	稳定

2）滑坡剩余下滑力计算结果。滑坡滑动安全系数按天然工况 1.15、暴雨工况 1.20（设计工况）及地震工况 1.05（校核工况），滑坡剩余下滑力见表 2-2-2。

表 2-2-2　　　　滑坡最后一块段剩余下滑力计算结果汇总表　　　　单位：kN/m

剖面	天然	饱和	地震
$A-A'$	4.1	15.5	0
$C-C'$	20.2	31.0	16.3
$D-D'$	0.0	0.0	0

4. 治理工程设计

（1）工程部署方案。

1）既有工程及防治效果。在滑坡形成以后，电力部门在专业地勘单位技术人员的指导下，立即对铁塔 D 腿外侧 H1 滑坡后缘陡坎处进行采用袋装土堆砌，用于反压坡脚，避免滑坡范围进一步扩大影响铁塔稳定。前期既有工程对缓解滑坡发展起到了很大作用。

2）本次设计方案及工程布置。本次为 3 处并排发育的小规模土质滑坡，现状滑坡后壁之上的土体为潜在不稳定体，考虑本次主要保护对象为铁塔，H3 滑坡未直接威胁铁塔，不在本次设计范围之内，故对 H1、H2 滑坡采用"锚杆格构"方案进行护坡。

（2）锚杆设计。

1）钻孔：设置在格构梁的交点处中部。采用ϕ91mm 钻孔，入射俯斜角度

15°。坡体表层土层浅薄，无须套管。孔深为设计锚杆长度＋0.50m沉沙段。

2）锚杆：采用ϕ25HRB400螺纹钢，3ϕ8@2000定位支架。

3）注浆：采用M30砂浆灌注，全孔黏结注浆，水泥强度不小于32.5MPa，水泥砂浆配合比为1:1（质量比），水灰比为0.4。注浆时先采用0.4MPa高速低压从空地注浆至充满，当水泥砂浆强度达到5MPa后再采用水灰比0.4纯水泥浆0.6～0.8MPa低速高压注浆，全黏结灌浆。

4）锚杆抗拉拔试验：针对不同岩土体分别进行锚杆抗拉拔试验，具体按相关技术规范执行。锚杆锚固段浆体强度达到15MPa或达到设计强度等级的时75%可进行锚杆试验，验收试验锚杆的数量应取锚杆总数的5%且不得少于3根，试验拉力为设计值的90%即97kN。

（3）框架梁设计。格构采用C25钢筋混凝土现浇，格构垂高2.0m，宽度间距2.5m。格梁截面尺寸均为0.3m×0.4m。布置钢筋6ϕ12 HRB335钢筋，箍筋为HPB235ϕ8钢筋，钢筋间距为200mm。

（4）坡面整饰。在格构浇筑完成以后，应对裸露塔腿进行整饰，就近取土袋装后回填压实塔腿，部分裂缝可用散土进行夯填，预计回填土15m³。

（5）施工顺序。放线→清理坡面→脚手架搭设→锚杆施工→框架梁施工→坡面整饰→脚手架拆除→竣工验收。

案例三：500kV普×线典型地质灾害防治

一、案例概况

500kV普×线某塔于2000年8月投入运行。运维单位在2018年7月17日的特巡过程中发现，C、D腿侧上边坡护坡垮塌，导致一根小塔材轻微变形。该塔位为直线塔，塔型及呼称高（即公称塔高）为ZB231A－36，基础为斜柱基础，基础埋深3.7～4.0m，采用浆砌块石回填和护坡，如图2－3－1所示。

(a) 远景照   (b) 近景照

图 2-3-1 塔位实景照片

二、案例分析

1. 塔位现状调查

塔位位于大起伏中山上部脊状斜坡处，塔位原始地形坡度 35°～40°。现塔位因基础开挖已形成平台状，A、B 腿位于同一平台处，C、D 腿位于同一平台处。A 腿下侧修筑堡坎，高约 3m，上侧保持原始地形；B 腿处下侧保持原始地形，上侧开挖形成高 2～3m 岩质边坡，未支护；C、D 腿上侧开挖形成高 6～8m 的边坡，护坡支护，护坡高约 6m，护坡上侧边坡可见基岩出露。塔位处植被较发育，以杂草、灌木为主。根据运行单位反映及现场调查踏勘，塔位基础未出现变形或位移现象。上部结构仅 C、D 腿侧 1 根小塔材发生轻微变形，如图 2-3-2 所示。

塔位 C、D 腿处修筑有浆砌块石护坡，高约 6m，护坡修筑坡度约 70°，该护坡中间一段发生垮塌，垮塌护坡宽 4～5m，护坡垮塌牵引护坡后侧土体发生滑塌，滑塌体厚 0.5～1.0m，土体滑塌后导致护坡顶部垮塌体两侧部分出现悬空状（如图 2-3-3 所示）。除 C、D 腿侧上边坡中间部分护坡发生垮塌外，其余塔腿及垮塌段两侧护坡均未发生倾斜、裂缝等变形迹象。塔位上侧边坡修筑有排水沟，排水沟未发现有变形、破坏迹象，沟内堆积杂草、枯叶等植被，存在轻微堵塞现象（如图 2-3-4 所示）。

图 2-3-2 塔材变形情况

图 2-3-3 护坡垮塌体正面照片

图 2-3-4 排水沟现状

2. 原因分析

滑坡发生在 7 月，正值当地雨季，由于排水沟轻微堵塞，排水不畅，加之护坡后侧土体由于沉降导致护坡高于原始地形一定距离，形成一定积水面。在强降雨作用下，护坡后侧填土沉降对护坡形成一定主动土压力；雨水排水不畅，渗入土体在护坡内形成静水压力。在主动土压力与静水压力共同作用下，护坡发生破坏、垮塌。

3. 结论和处理措施

（1）除一根小塔材轻微变形外，基础与其余塔材无变形，场地稳定。

（2）清除护坡垮塌体、护坡后侧填土滑塌体并拆除护坡垮塌体两侧悬空、松动状的护坡。

（3）对护坡垮塌段进行重新修复，约长 10m，高 4.5m，严格按照图纸施工，做好墙后反滤层及设置排水孔。

（4）疏通塔位上侧排水沟，恢复护坡上侧边坡植被，做好散水措施，避免出现积水地形。

（5）C 腿外侧小型浅表层滑塌体对塔位稳定性无影响，可不进行处理。

案例四：500kV 官×线典型地质灾害防治

一、案例概况

500kV 官×线于 2018 年 11 月巡线过程中发现，某 1 塔 A、D 腿下坡侧出现滑坡，形成了 1～2.5m 的错落裂缝，滑体前缘土体已溜滑至坡脚截排水沟、造成水沟堵塞；某 2 塔 D 腿下坡侧出现滑坡，滑坡体后缘至 D 腿，形成了最高近 1.0m 的错落裂缝。滑坡体受雨水进一步浸泡冲刷可能对塔基基础造成不利影响，同时场地坡体在坡面长期汇水冲刷侵蚀作用下变形可能进一步加剧，进而对输电线路安全运行构成潜在威胁。

二、案例分析

1. 地质灾害的危害程度

根据现场勘察，以及 GB/T 32864—2016《滑坡防治工程勘查规范》表3、表4和表 B.2 的规定，某1塔位该滑坡为浅层、小型滑坡，滑坡防治工程等级为一级。

（1）某1塔滑坡现状。塔位 A、D 腿（下坡侧）外侧出现了表层滑坡，滑坡体后缘至 A、D 腿，滑坡体平面投影面积约 350m²，滑体厚度 2.0～4.0m，滑坡体总方量 900～1000m³，形成了 1～2.5m 的错落裂缝，滑体前缘土体已溜滑至坡脚截排水沟、造成水沟堵塞；滑坡直接威胁塔位 A、D 腿基础稳定性，进一步发展有可能造成倒塔断线危险，潜在经济损失大于 5000 万元。塔位 A、D 腿上坡侧坡体未见滑坡迹象。滑坡体现状及与杆塔基础处滑坡错落现状如图 2-4-1～图 2-4-4 所示。

（2）某2塔滑坡现状。某2塔位 D 腿（下坡侧）西南侧出现了表层滑坡，滑坡体后缘至 D 腿，形成了最高近 1.0m 的错落裂缝，滑体范围顺坡向长约 13m、顺等高线宽 6～9m，坡度约 38°；滑体前缘无明显临空面，前缘局部能见土体推移鼓出现象；滑体后缘有错落裂缝，滑体两侧裂缝清晰可见。除塔位 D 腿下坡侧外，塔位场地其他地段、塌滑体下坡侧等斜坡体均未见滑坡迹象。滑坡体现状及杆塔基础处滑坡错落现状如图 2-4-5 和图 2-4-6 所示。

图 2-4-1　某 1 塔滑坡体前缘坎坡现状

图 2-4-2 塔 A 腿外滑坡错落裂缝

图 2-4-3 塔 D 腿外滑坡错落裂缝

图 2-4-4 滑坡前缘排水沟

图2-4-5　某2塔D腿外侧滑坡全景

图2-4-6　某2塔D腿外侧滑坡体错落裂缝

2. 塔位滑坡原因分析

（1）某1塔浅层滑坡原因分析。滑坡体后缘位于塔位A、D腿外侧，整个浅层滑坡体位于塔位下坡侧，为表层土在暴雨后形成的溜滑所致，滑体范围小、厚度2~3m。滑体所在斜坡前缘有一个高约8m、坡度约60°的临空面，该面坡原已采取简单的锚喷处理，坡面未见鼓出等变形迹象，浅层滑坡体自坡顶滑出后堆积在坡上和截排水沟内。

根据塔位原设计资料，A、D腿处上覆覆盖层约1.5m、下伏玄武岩，玄武岩强风化层厚2.5m；塔位所在斜坡以玄武岩岩质斜坡为主，整体稳定性较好。此次暴雨后坡面覆盖层土体自重增加、土质松软、抗剪强度降低，沿临空面滑出形成目前小规模浅层滑坡。

（2）某 2 塔浅层滑坡原因分析。浅层滑坡体后缘位于塔位 D 腿外侧，整个浅层滑坡体位于塔位场地右下坡侧，为表层土在暴雨后形成的溜滑所致，滑体范围小、厚度 1～2m。

根据塔位原设计资料，D 腿处上覆覆盖层 1.0m、下伏玄武岩，玄武岩强风化层厚 2.5m，塔位所在斜坡玄武岩岩质斜坡，整体稳定性较好。此次暴雨后坡面覆盖层土体自重增加、土质松软、抗剪强度降低，局部松软土体在自重作用下失稳滑出形成目前小规模浅层滑坡体。

3. 稳定性分析

（1）边坡现状稳定性分析。

1）滑坡所在山体工程地质调查及现状稳定性分析。根据调查，塔位下坡侧大量基岩出露，主要为强风化玄武岩。根据监测资料，库区边坡未发现变形迹象。根据上述调查，该滑坡所在山体整体基岩埋深不大，即塔位场地整体稳定性较好，出现较大的滑坡可能性较小，主要表现为浅层滑坡。但由于本区域构造发育，岩体整体较破碎，塔位所在区域局部存在相对软弱层。

2）塔基边坡现状稳定性分析。通过工程地质测绘及工程地质调查，对塔位所在边坡总体分析评价如下：

① 两塔位于水电站升压站上侧 35°～45°斜坡，整个斜坡坡面自然连续，坡度较大，且某 1 塔 A、D 腿下坡侧有高约 8m、坡度 60°斜坡，地形较差，边坡自身稳定能力差。

② 坡体主要为残坡积含碎（块）石粉质黏土层，下伏基岩为强风化玄武岩和中风化玄武岩，覆盖层厚度较浅。雨水浸泡对层面交界处黏结力强度的降低较为明显。

③ 塔位上坡侧建有截排水沟现已失去应有的截排水功能，同时塔位临近一侧凹槽，导线导流及坡顶排水沟造成地表汇水局部相对集中，塔基场地水文地质条件相对较差，在集中强降雨作用下进一步加剧。

④ 集中强降雨作用，是本次坡体塌滑的直接诱发因素。

⑤ 仅于某 1 塔 AD 腿、某 2 塔 D 腿下坡侧发生浅层滑坡，塔基础未发生沉降变形及位移，塔材未发生变形，塔位上坡侧未发现破坏变形，植被完好，天

然状态下塔基所在坡体处于基本稳定状态，场地具备原位处理条件。

（2）塔基边坡发展趋势分析。目前塌滑体进一步变形趋势主要为后缘土体在雨水浸泡冲刷及自身物理力学性能降低后，后缘进一步向上坡扩展，塌滑体在深度及塌滑宽度也会进一步发展，将影响到某 1 塔 AD 腿、某 2 塔 D 腿的基础使用条件，从而引发塔基功能性失稳，需采取临时加固措施保证现状塔基正常使用条件。

综上所述，根据塔位场地工程地质测绘、工程地质调查，塔位所在斜坡山体坡面未见大规模破坏特征，未形成深层坡体滑动破坏，仅某 1 塔 AD 腿、某 2 塔 D 腿下坡侧发生浅表层覆盖层塌滑。同时结合地貌形态、基本地质条件、影响因素、变形现象等综合分析判断：总体上，坡体自然状态下塔基场地处于基本稳定状态，在降雨、地震、人类建设活动过度扰动等不利条件组合作用下局部浅层活动可能进一步加剧，需要进行紧急加固治理。

4．工程治理设计

（1）应急措施（临时）方案。在该边坡治理和基础加固工程正式实施前，应立即对塔基边坡采取如下临时应急措施：

1）完善、加长塔位上坡侧及两侧的截排水沟，已经发生浅层滑坡部分的上部斜坡应用彩条布遮盖。

2）加强运行观察，密切关注该滑坡体的发展趋势。

3）加强对浅层滑坡体的监测工作，特别是降雨期间应指派人员即时监测。道路前后应按照交通规章要求设置地质灾害警示提示标牌。降雨时段应安排专人巡视管制。

（2）滑坡治理方案。根据现场勘察结果、工程初设报告，结合工程经验，对两塔提出治理方案如下：

1）某 1 塔。为阻止 A、D 腿外侧覆盖层土体继续下滑，保证 A、D 腿基础入土深度的设计桩长，在 A、D 腿外侧斜坡，设置微型钢管桩基挡墙，桩长为15m，处理范围为浅层滑坡体两侧外缘外延 5m。另外可选种适合当地气候条件的草种或灌木，恢复坡面植被。该整治工程宜在当地下一个雨季到来前完成。

2）某 2 塔。与某 1 塔浅层滑坡体失稳原因类似，某 2 塔位上坡侧原截排水沟多已堵塞、失去了应有的截排水功能，而在 D 腿右侧外形成了一个小的自然顺坡小冲沟，上坡侧坡面汇水流至塔位 D 腿下坡侧，造成了小规模表层土滑坡，完善、加长塔位上坡侧及两侧的截排水沟。由于此浅层滑坡体规模小、对塔位场地稳定性影响小，须选种适合当地气候条件的草种或灌木，恢复坡面植被，并加强观察，暂不采取其他工程措施。

同时两塔塔位整体位于 30°～40° 的山坡上，山坡范围较大且分布有孤石，落石滚落极易造成铁塔损坏，目前某 2 塔部分杆件已被滚石砸坏，因此分别在某 1、某 2 塔距上坡侧塔腿（B、C 腿）约 10m 处设置一道被动防护网，尺寸为40.0m×2.0m，被动防护网型号 RXI－100、R9/3/300。更换某 2 塔位受损的杆件，受损杆件需根据现场调查确认，塔材更换量以实际更换量为准。

（3）工程监测。为动态掌握塔位变化情况，及时反馈信息，对滑坡防治的三个阶段均须进行监测，分析其变形，发现异常情况及时处理。

1）监测三阶段。

① 在治理前，通过系统监测，对滑坡体的稳定状况及时综合分析，对其险情及时进行预报、预警，为优化治理设计提供可靠依据。

② 治理工程施工期间，及时反馈治理的效果及存在的问题，有效调整施工进程，确保施工期间生命和财产安全。

③ 治理后，继续进行监测，掌握滑坡治理效果，对监测资料进行总结和分析，评价治理方案的有效性。

2）监测内容。根据本工程滑坡的特点，结合本次治理工程的治理目标和范围，有必要对滑坡体、滑壁后边坡及塔位场地进行位移变形监测，以下为监测内容。

① 铁塔塔身倾斜监测：分别在铁塔塔身正、侧面中心选取观测点，测量铁塔沿顺线路方向和垂直线路方向的偏移值，确定塔身的倾斜度。塔身观测点应与前期观测选取的观测点一致，以便于前后观测值的比较。

② 铁塔及基础结构位移监测：在微型钢管桩基挡墙与塔位间沿纵向布设 5 个大地形变监测点，分别为 A、D 腿下坡侧挡墙上各一点，铁塔 A、D 腿上各一点，塔位中心一点。遇连续降雨、暴雨等特殊情况应视情况加密监测次数。

通过连续监测确定基础是否在持续移动。

③ 地面形变宏观巡视监测：地面形变巡视监测采用常规地质调查方法进行，调查的内容主要为地面开裂下沉、滑移、坍塌等地面形变的位置、方向、规律、变形量及发生时间，人类工程活动影响、建筑物及治理工程破坏情况等。调查范围以能综合反映斜坡区近期坡体变形、斜坡再造特点为准。重点为治理工程布设区和强变形区，调查路线以能控制测区为原则，路线间距 10m，视坡体变形程度可做适当调整。

地面形变巡视监测一般旱季每月监测一次，雨季 5～10 天监测一次，施工期间和遇连续降雨、暴雨等特殊情况应视情况加密监测次数。

案例五：500kV 普×线典型地质灾害防治

一、案例概况

500kV 普×线路于 2004 年 6 月完成施工图勘测，2006 年竣工并投入运行。

某 9 号塔塔位位于小起伏中山，微地貌单元为脊顶，脊宽约 4m，脊坡平缓，前侧为 40°斜坡，后侧为约 45°斜坡，地形陡，后边坡大。塔型为 JB13 – 33 转角塔，全高为 45m，冰区为 30mm。A、C、D 腿采用掏挖基础，B 腿采用特殊基础（台阶式刚性基础）。

某 5 号塔塔位位于小起伏中山，微地貌单元为脊状斜坡，坡度约 30°。塔型为 SZ12 – 40，直线塔，全高为 67.6m，冰区为 10mm，采用掏挖基础。

2021 年 3 月 17 日，某 9 号塔塔位 B 腿下方发生滑坡；某 5 号塔塔位 B、C 腿下方发生滑坡。

二、案例分析

1. 塔位现状调查

2021 年 3 月 16 日，运维人员发现某 9 号塔位 B 腿所在坡面发生滑塌，如

图 2-5-1 所示,而上一次巡检过程中(2020 年 10 月左右)该滑塌尚未形成。滑塌后缘位于 B 腿内侧脊顶与该侧斜坡交界处,后缘宽 2~4m,中部最宽 10~15m,长 40~45m,滑体厚 1~3m,滑坡后缘主要由强风化砂泥岩组成,滑坡中部及前缘主要由原始土层粉质黏土组成。滑塌造成基础顶面以下约 2m 保护土层失效,使基础外露。B 腿外侧 2m 发现一处地表开裂,裂缝长 1.3m、宽 0.2m。塔位除 B 腿滑塌区域以外未发现较为明显的地表变形开裂迹象。

2021 年 3 月 16 日,运维人员发现某 5 号塔位 B、C 腿所在坡面发生滑塌,如图 2-5-2 所示,而上一次巡检过程中(2020 年 10 月)该滑塌尚未形成。滑塌后缘位于 C 腿内侧梁顶与该侧斜坡交界处,后缘宽 2~5m,中部最宽 10~15m,长 60~80m,滑体厚 1~2m,滑坡后缘主要由基覆界面附近的原始土层组成,滑坡中部及前缘主要由滑下的原始土层粉质黏土组成。塔位除 B、C 腿滑塌区域以外,未发现明显的地表变形开裂迹象。

图 2-5-1 B 腿滑塌侧面

图 2-5-2 B 腿滑塌及接地线外露

2. 原因分析及稳定性预测

(1)某 9 号塔滑坡。根据现场地表调查情况,塔位 B 腿附近发育有 1 处裂缝及浅表层滑塌,滑塌区域侧壁及底部多处可见砂泥岩露头,岩层产状为 28°∠46°,为顺层坡,滑塌面为强中风化界面,影响范围较小。

滑塌可能由以下原因造成：a. 林场以雨水天气为主，持续时间最长可达一两周。在雨水汇聚的作用下，坡面土体饱和、自重不断加大，抗剪强度降低，沿基覆界面滑动变形，加载及牵引原始土层滑动。b. 表层土剥离后，砂泥岩基岩面暴露在地表，由于岩体破碎，裂隙发育，且为顺层坡，再次经历降雨和阳光暴晒后，强风化岩体风化较快，风化后的碎块石沿层面随着降雨水流冲刷至坡脚堆积。

边坡稳定性预测：塔位处为浅表层滑塌，未见基础和塔材变形迹象。B 腿及附近的滑塌为浅表层滑塌，整体斜坡为顺向坡，岩层倾角略大于斜坡坡度，塔位场地整体稳定。现有滑塌已造成 B 腿外露 2m 左右，塔位为右转塔位，B 腿采用重力式刚性基础，经承载力及稳定性计算 B 腿能够满足塔位安全稳定运行要求。

（2）某 5 号塔滑坡。塔位 B、C 腿下坡向发育有 1 处浅表层滑塌，滑塌区域底部多处可见砂泥岩露头，岩层产状为 303°∠26°，基本为顺层坡，滑塌面为基覆界面，滑坡延伸至坡脚，呈条带状，影响范围较小。

滑塌可能由以下原因造成：林场以雨水天气为主，持续时间最长可达一两周。在雨水汇聚的作用下，坡面土体饱和、自重不断加大，抗剪强度降低，沿基覆界面滑动变形，加载及牵引原始土层滑动。

边坡稳定性评价：除 B、C 腿下方浅表层滑塌外，场地无其他不良地质作用，塔位场地整体稳定，未见基础和塔材变形迹象。鉴于现有滑塌已造成 B、C 腿外露，经测算 B 腿原始地形坡度较陡，基础设计已考虑侧坡等因素，因此浅表层滑塌对于该基础稳定性影响小；C 腿由于原设计开方塔位，基础设计外露 0.2m，浅表层滑塌后导致外露较大（0.8m 左右），但根据该塔位实际使用条件，测算该基础承载力稳定性满足铁塔安全运行要求。

3. 治理方案

（1）某 9 号塔滑坡。为避免表土进一步滑塌，牵引塔基范围内其余土体下滑，建议采用三维植被防护措施对滑塌区域及外延 1m 范围进行保护，消除影响塔位稳定的潜在因素，对此提出以下具体处理措施：

1）临时措施：与运检单位沟通，已采用塑料彩条布覆盖塔位范围及周边滑坡区域，防止集中降雨再次冲刷塔位范围滑坡区域，避免滑塌范围进一步向塔位上侧方向延伸扩大，影响塔位稳定。对 B 腿外侧 2m 处裂缝采用黏土回填夯实，避免雨水流入后裂缝进一步发展。

2）永久措施：本塔位斜坡陡峭，施工空间狭窄，机械施工难度大。输电线路常用的边坡治理技术如挡墙、桩板墙、岩石喷锚等措施对设施空间和机械化要求都较高，在本塔位难以采用，综合考虑塔位现状，建议采取锚钉挂网后，再采用喷混植生生态护坡方式进行坡面防护。具体步骤如下。

① 清除塔位处残留的滑塌体，清除 B 腿外侧坡面残余的滑动浮土，清理杂草树根块石等杂物，对坡面做平顺处理，严禁形成汇水凹地，确保坡面自然散水，避免集中冲刷浸泡。

② 综合考虑塔位现状和施工的方便性，建议对 B 腿及陡坎滑塌区域及外延 1m 范围采取锚钉挂网结合喷混植生生态护坡的措施。滑坡防护范围宽 6～16m，长约 45m，总面积共 500m²（含塔位坡顶部分）。

③ 施工期间加强对塔位中心及附近的植被保护，减少不必要的砍伐，严禁对边坡和植被进行破坏。

④ 施工弃土应装袋外运至固定地方堆放，严禁就地随坡倾倒弃土，为保证塔位不再受施工弃土的影响，施工多余弃土及废料采取外运处理，应外运至左侧约 300m 缓坡处，避免造成次生地质灾害。

⑤ 施工组织措施建议：塔位滑坡区域为陡峭斜坡，无施工场地，坡面处需设置脚手架（面积同滑坡防护范围），脚手架需做好锚固措施及防止下滑倾覆措施；施工组织方案需考虑陡坡地形搭设脚手架等施工措施，并编制相关施工方案及安全措施。

⑥ 建议运检单位加强对该滑塌区及塔基的变形观测，如滑塌区或塔基出现新的变形时需及时通知设计单位，并尽快采取相应的处理措施。

3）接地措施治理。塔位 B 腿由于滑坡导致接地引下线外露，经现场踏勘，为避免接地槽二次开挖影响塔位附近地质稳定，建议报废 B 腿接地引下线；从 A、C、D 腿选择地形平缓、接地槽开挖施工难度低的接腿引下线搭接，并重新敷设引下线，保证整改后接地引下线总长度大于 316m。

（2）某 5 号塔滑坡。为避免表土进一步滑塌，牵引塔基范围内周边土体下滑，建议采用矮脚墙支挡滑坡区域，并对塔基范围滑塌区域及外延 2m 范围进行防护，消除影响塔位稳定的潜在因素，对此提出以下具体处理措施：

1）临时措施：采用塑料彩条布覆盖塔位范围及周边滑坡区域，防止集中降雨再次冲刷塔基滑坡区域，避免滑塌范围进一步向塔位上侧方向延伸扩大，影响塔位稳定，如图 2-5-3 所示。

图 2-5-3　临时措施

2）永久措施。

① 清除塔位处残留的滑塌体，清除坡面残余的滑动浮土，清理杂草树根块石等杂物，对坡面做平顺处理，严禁形成汇水凹地，确保坡面自然散水，避免集中冲刷浸泡。

② 综合考虑塔位现状，在 B 腿下方 2.5m 左右设置一道长 25m 矮脚墙，挡墙内侧采用碎石土进行回填夯实。

③ 矮脚墙完成后在墙内采用碎石土分层回填，回填完成后应在顶部回填防沉层 20cm。

④ 对矮脚墙上方塔基滑塌区及外延 2m 范围采取锚钉挂网结合喷混植生生

态护坡的措施，防护范围宽 8～20m、长 15m，总面积 230m²。

⑤ 矮脚墙基坑施工时严禁爆破，施工过程中应采取相应的支护措施，及时封闭基坑，避免雨水浸泡。

⑥ 现场施工完成后对施工场地平顺处理，对矮脚墙下坡侧滑坡影响区播撒草籽，尽快恢复植被。加强对塔位中心及附近的植被保护，减少不必要的砍伐，严禁对边坡和植被进行破坏。

⑦ 施工弃土应装袋外运至固定地方堆放，严禁就地随坡倾倒弃土，为保证塔位不再受施工弃土的影响，施工多余弃土及废料采取外运处理，应外运至前侧约 100m 缓坡处，避免造成次生地质灾害。

⑧ 建议运检单位加强对该滑塌体及塔基的变形等观测，如滑塌体或塔基出现新的变形时需及时通知设计单位，并尽快采取相应的处理措施。

3）接地措施治理。塔位 C 腿由于滑坡导致接地引下线外露，经现场踏勘，为避免接地槽二次开挖影响塔位附近地质稳定，建议报废 C 腿接地引下线；从 A、B、D 腿选择地形平缓、接地槽开挖施工难度低的接腿引下线搭接，并重新敷设引下线，保证整改后接地引下线总长度大于 604m。

案例六：500kV 二×线典型地质灾害防治

一、案例概况

500kV 二×线××3 号、××4 号塔位于西昌市距离约 15km。2015 年 6 月，分部巡视人员发现××3 号塔 AB 面下边坡 5m 处滑坡，10m 处发现山体裂缝。2015 年 8 月 29 日早晨，××4 号铁塔下方出现大面积滑坡。2016 年 5 月 23 日～28 日，在两处铁塔周边布置了监测设备。2016 年 4 月（完工时间），线路施工方对该处滑坡进行了支挡处理。2016 年 11 月 11 日，××3 号塔塔杆倾斜角度达到 2.919%，已超过 2%严重状态门槛值，塔杆已处于严重状态，需立即派人至现场确认、测量、处理。

二、案例分析

1. 滑坡变形特征

（1）H1 滑坡。滑坡区海拔高程 3000～3046m，高差 46m 左右。地形总体上西高东低，地形整体坡度约 23°，局部由于道路切坡、工程建设、滑坡影响，坡度较陡，为 65°～90°，中后部为多级拉张裂缝。

H1 滑坡 2015 年 6 月第一次发生滑动后，滑坡体平面呈舌形。主滑主向为 29°，后缘位于××3 号塔 AB 面前约 2.2m，标高约 3046m，前缘剪出口位于 S307 线切坡段，标高约 3000m，平均坡度约为 23°。滑体横向宽 35～83m，纵向长约 85m，前缘剪出口以上滑坡区水平面积为 $0.47×10^4m^2$，滑坡体厚度 5～10m，平均厚度约 8m，滑坡体积约 $3.76×10^4m^3$，属小型土质滑坡，剖面上滑坡体整体厚度变化不大，仅滑动后陡坎段厚度相对较小，如图 2-6-1（a）所示。

2016 年 6 月，1 号挡墙发生变形，滑坡后缘再次出现裂缝，滑坡体自格构南侧剪出，新的滑坡体平面上呈圈椅状，主滑方向 29°，后缘及两侧边界较原有滑坡未产生较大变化，前缘为格构后部，新滑坡体横向宽约 40m，纵向长约 75m，剪出口以上滑坡区水平面积为 $0.24×10^4m^2$，滑坡体厚度 5～10m，平均厚度约 8m，滑坡体积约 $1.92×10^4m^3$，属小型土质滑坡，如图 2-6-1（b）所示。

(a) 前缘　　　　　　　　　(b) 后缘

图 2-6-1　H1 滑坡现场图

（2）H2 滑坡。滑坡区位于二普×线××4 号塔北东侧，海拔高程 3000～3021m，高差 21m 左右。地形总体上西高东低，地形整体坡度约为 25°。

滑坡 2015 年 8 月 29 日发生滑动，导致××4 号塔 AB 面前部斜坡发生垮塌，滑坡呈舌形，主滑主向为 35°。后缘位于××4 号塔塔基前约 4.7m，前缘剪出口位于 S307 线切坡段，标高平均坡度约为 25°。滑坡边界明显，后缘下挫约 6m，两侧陡坎高 1～3m。滑体横向宽 27.6～30m，纵向长约 39m，前缘剪出口以上滑坡区水平面积为 $0.1 \times 10^4 m^2$，滑坡体厚度 5～10m，平均厚度约 8m，滑坡体积约 $0.8 \times 10^4 m^3$，属小型土质滑坡。滑坡现场图如图 2-6-2 所示。

(a) 后缘   (b) 前缘

图 2-6-2 H2 滑坡现场图

2. 成因分析

根据野外实地调查，H1、H2 滑坡分别于 2015 年 6 月、8 月发生滑动，当时正值 S307 线在该段施工。滑坡形成机制：S307 线改建工程施工期间，对该段斜坡进行切坡，形成临空面；2015 年 8 月，S307 切坡段挡墙施工尚未完成，此时，区内发生降雨，降雨入渗后遇下伏基岩为强风化砂、泥岩互层，相对隔水且易软化，抗剪强度降低，土体在自重作用下发生滑动。

根据滑坡的变形特征分析，该滑坡的形成原因主要有以下几点：

（1）滑坡区地形平均坡度为 23°～25°，局部大于 45°，坡度较陡，为滑坡的形成提供了有利的地形地貌条件，地形地貌是滑坡形成的主要内因之一。

（2）滑坡区下伏地层为侏罗系上统飞天山组强风化砂、泥岩互层，相对隔水，且易软化，上部土体主要为第四系残坡积含砾石粉质黏土，结构松散，稳定性差，有效内摩擦角小，抗剪强度低，抗滑稳定性差，物质组成是滑坡形成的主要内因之一。

（3）2015 年强降雨，使得该段土体处于饱水状态，一方面土体的重度增大，另一方面孔隙水压力增大，同时使斜坡上土体处于饱水状态，土体软化，特别是使滑带土饱水，其抗剪强度迅速降低，是诱发滑坡的主要外因之一。

（4）S307 线切坡，形成高陡的临空面，改变了斜坡本身的应力状态，降低斜坡稳定性，道路切坡是诱发滑坡的主要外因之一。

3. 治理工程介绍

（1）H1 滑坡治理工程设计。

1）截排水工程。设计在滑坡中部修建两条截排水沟，沟宽 0.5m，全长 205m。根据现场调查，设计的排水沟未进行施工，如图 2-6-3（a）所示，仅在××3 号塔西侧约 5m 处，修建有一条截排水沟，沟宽 0.4m，全长约 150m，如图 2-6-3（b）所示。

(a) 未建　　　　　　　　　　　　　　　(b) 已建

图 2-6-3　铁塔西侧截排水沟

2）抗滑挡土墙及锚固工程。H1 滑坡治理工程共设计两级挡墙，两级挡墙均采用预应力锚索+重力式挡墙的设计。上级挡墙（××3 号塔 AB 面约 20m，主要保护对象为××3 号塔，1 号挡墙），挡墙长约 20m，顶宽 0.6m，高 6m，埋深约 1.5m，结构为钢筋混凝土，如图 2-6-4（a）所示。下级挡墙（同公路护脚墙，主要保护对象为 S307，2 号挡墙），挡墙全长 105m，顶宽 2.2m，高 7m，埋深约 1m，结构为钢筋混凝土，如图 2-6-4（b）所示。

(a) 1 号挡墙　　　　　　　　　　　　　　　　(b) 2 号挡墙

图 2-6-4　挡墙现场图

锚固工程与重力式挡墙结合使用，此外下级挡墙之上为框架锚固结构，锚固工程皆采用预应力锚索，锚索钢筋采用 ϕ15.2mm 低松弛钢绞线，自由段长 20m，锚固段长 10m。

3）微型桩工程。H1 滑坡治理微型桩分为钢管桩、木桩两类。

钢管桩设置于上级挡墙处，桩长 14m，上部为钢管桩系梁（横向长 22.5m，纵向宽 3.35m），钢管桩共三排 90 根，横向间距 0.75m，纵向间距 1.6m，如图 2-6-5（a）所示。

木桩设置于××3 号塔 AB 面东侧约 50m 处，共设置 4 排，单排间距 1.5m，木桩长 4~6m，如图 2-6-5（b）所示。

(a) 钢管桩（2016 年 4 月）　　　　　　　　　(b) 木桩（2017 年 5 月）

图 2-6-5　微型桩

（2）H2 滑坡治理工程设计。H2 滑坡治理工程共设计三处挡墙（××4 号塔 BC 面一处，AB 面两级），均采用重力式挡墙的设计。南侧挡墙（3 号挡墙）高约 1.5m，宽约 2m，结构为浆砌块石，如图 2-6-6（a）所示。东侧上级挡墙（4 号挡墙）与××4 号塔相距约 15m，挡墙高约 5m，长约 20m，顶宽约 0.5m，结构为钢筋混凝土，如图 2-6-5（b）所示。东侧下级挡墙（同公路护脚墙，主要保护对象为 S307 线，5 号挡墙），挡墙高约 6m，埋深约 1m，顶宽约 0.5m，结构为钢筋混凝土。

(a) 3 号挡墙

(b) 4 号挡墙

图 2-6-6　挡墙现场图

4. 治理工程运行评价

（1）H1 滑坡治理工程运行效果评价。

1）截排水工程。滑坡中部设计修建两条截排水沟，用以疏导后缘斜坡雨水，减小雨季地表水下渗量，尽可能减小降雨对滑坡稳定性的影响。但根据现场实地调查，滑坡中部设计的截排水沟未进行施工，未起到预期作用。

2）抗滑挡土墙及锚固工程。

1 号挡墙（××3 号塔 AB 面约 20m，主要保护对象为××3 号塔），挡墙长约 20m，顶宽 0.6m，高 6m，埋深约 1.5m，结构为钢筋混凝土。挡墙现状开裂迹象明显，如图 2-6-7 所示：挡墙右下部出现横向裂缝，基本贯穿整个挡墙，裂缝宽 1～5cm；挡墙中部出现纵向裂缝，最宽处约 20cm，现已基本将挡墙一分为二；挡墙左侧出现纵向裂缝，裂缝宽约 7cm，导致挡墙左下侧部分混凝土脱离墙体。挡墙现状变形迹象十分明显，挡墙开裂情况表明，H1 滑坡后缘仍有滑动，该支挡工程未起到预期的根治滑坡的作用，不能完全保证铁塔安全。

(a) 1 号挡墙右下侧裂缝   (b) 1 号挡墙中部裂缝远景

(c) 1 号挡墙中部裂缝近景   (b) 1 号挡墙左下侧裂缝

图 2-6-7 1 号挡墙裂缝

2 号挡墙现状基本完整，调查中未发现挡墙有明显开裂或变形迹象，该挡墙配合格构锚固工程，基本对滑坡前缘进行了有效支护，如图 2-6-8 所示。

(a) 配合挡墙的格构锚固工程   (b) 2 号挡土墙

图 2-6-8 2 号挡土墙无变形迹象

　　3）微型桩工程。H1 滑坡钢管桩工程前部修建有挡墙，仅可见其上部钢管桩系梁。系梁与挡墙之间出现开裂脱离现状，裂缝宽约 2cm，如图 2-6-9 所示；系梁中部出现明显纵向裂缝，将系梁一分为二，裂缝宽约 5cm，如图 2-6-10 所示。根据电力公司日常巡视记录，2016 年 4 月（完工时间），巡线员在线路日常巡护中发现，钢管桩及系梁均出现不同程度的开裂或歪斜、沉降现象，分别如图 2-6-11、图 2-6-12 所示。钢管桩工程变形破坏迹象明显，无法对滑坡进行有效支挡，无法对铁塔起到有效的保护作用。

图 2-6-9　系梁与 1 号挡墙之间裂缝

图 2-6-10　系梁中部纵向裂缝照

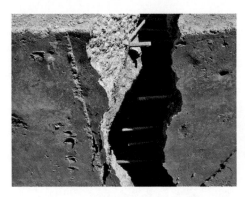

图 2-6-11　系梁开裂（2016 年 4 月）

图 2-6-12　钢管桩沉降、歪斜
（2016 年 4 月）

　　木桩长度较小，整体位于滑动面之上，对滑坡无支挡作用，现状歪斜迹象十分明显，如图 2-6-13 所示，表明该段土体仍在向下滑动。滑坡治理工程未达到预定目标。

图 2-6-13 木桩歪斜

根据现场实地调查，综合分析后，针对 H1 滑坡治理工程的运行情况得出以下结论：

① 滑坡前缘支挡工程结合格构、锚固工程一起使用，基本对滑坡前缘土体进行了有效支挡、稳固，滑坡前缘现状基本稳定。

② 滑坡后缘针对××3 号塔设计、施工的治理措施（包括挡墙、钢管桩、木桩、锚固），现状皆有不同程度的变形迹象，各种现象表明，H1 滑坡中后缘土体仍在不断发生下滑、移动，该治理工程未达到预期目标，未对滑坡进行根治，××3 号塔现状仍受到滑坡威胁。

（2）H2 滑坡治理工程运行效果评价。3 号挡墙现状完整性较好，局部有丝状裂缝，缝宽 1～2mm，为表层混凝土收缩导致，对挡墙稳定性基本无影响，如图 2-6-14 所示。

(a) 顶部   (b) 外侧

图 2-6-14 3号挡墙现场图

4 号挡墙现状完整，无开裂、变形迹象，如图 2-6-15 所示，可对滑坡后缘进行有效的支挡，滑坡体后缘现状基本无滑动迹象。但是，挡墙与塔基距离较远，H2 滑坡后缘仍有高约 2.5m 的土质陡坎，未进行支护，现状有小规模垮塌迹象，如图 2-6-16 所示。

图 2-6-15　4 号挡墙现场图　　　　图 2-6-16　H2 后缘现场图

5 号挡墙现状基本完整，调查中未发现挡墙有明显开裂或变形迹象，基本对滑坡前缘进行了有效支护，如图 2-6-17 所示。

图 2-6-17　5 号挡墙照片

根据现场实地调查，综合分析后，针对 H2 滑坡治理工程的运行情况得出以下结论：

① 滑坡前缘支挡工程，基本对滑坡前缘土体进行了有效支挡、稳固，滑坡前缘现状基本稳定。

② 滑坡后缘针对二×线××4 号塔设计、施工的治理措施，现状基本完整，无明显变形迹象，表明 H2 治理工程运行较好，现状能基本保证××4 号塔不受滑坡威胁。

5. 滑坡危险性及铁塔稳定性调查

（1）滑坡危险性现状及趋势预测。

1）H1 滑坡。该滑坡 2015 年 6 月发生滑动后，导致××3 号塔 AB 面前部斜坡发生垮塌，直接威胁××3 号塔的安全。2016 年 4 月（完工时间），对滑坡进行治理，治理工程采用了抗滑挡土墙、锚固、微型桩等。2016 年 6 月，抗滑桩被滑坡毁坏，堡坎出现裂缝，滑坡后缘（现××3 号塔挡墙前）出现长约 25m、深约 0.4m 的拉裂缝。

根据现场实地调查，结合治理工程运行评价结果，该滑坡前缘治理工程现状运行良好（S307 段挡墙、格构等），前缘基本稳定。滑坡中后部治理工程（上级挡墙、钢管桩、木桩等），各变形特征明显，滑坡中后部土体仍在下滑（剖面 $A-A'$），直接威胁线××3 号塔、S307 安全，危害程度及危险性大。

治理工程变形迹象表明，该滑坡后缘仍不稳定，工程治理效果一般，该滑坡在雨季仍可能发生滑动，直接威胁××3 号塔、S307 安全，危害程度及危险性大。

2）H2 滑坡。该滑坡 2015 年 8 月发生滑动后，导致××4 号塔 AB 面前部斜坡发生垮塌，直接威胁××4 号塔的安全，2016 年 4 月（完工时间），S307 省道改建施工单位对滑坡进行治理，治理工程共设计三道重力式挡墙，现状基本完好，实地调查中未发现有新的变形迹象出现，滑坡现状危害程度及危险性小。

滑坡后缘仍有高约 2.5m 的陡坎，未进行任何支护，陡坎距××4 号塔 AB 面约 4.7m，表层为第四系残坡积含碎石粉质黏土，下伏基岩为强风化砂、泥岩互层，稳定性差，雨季可能发生边坡垮塌，甚至是小规模崩滑，威胁××4 号塔的正常运行，其发生的可能性中等，危害程度及危险性大。

（2）铁塔稳定性现状和预测。

1）××3 号塔。2016 年 11 月 11 日，滑坡和铁塔状态监测数据显示，××3 号塔顺线路方向倾斜度为 1.222%、垂直线路方向倾斜度为 2.919%，已远超过 2%

的塔基严重状态警戒线，××3号塔塔杆处于严重状态。现场调查显示，××3号塔已发生明显倾斜，塔顶向AB面倾斜值已超过2%，现状稳定性差。

由于H1滑坡中后部现状稳定性较差，其治理工程变形迹象明显，滑坡雨季可能再次发生滑动，将直接威胁铁塔安全。预测雨季期间，××3号塔变形迹象可能进一步加剧，塔杆可能继续向滑坡一侧倾斜，若H1滑坡范围继续扩大，带动塔基处土体下滑，可能引发××3号塔整体下沉、倾倒。

2）××4号塔。根据现状实地调查，××4号塔AB面距H2滑坡后缘约4.7m，该滑坡治理工程运行良好，滑坡现状整体较稳定，××4号塔现状稳定性较好。

××4号塔塔基现状基本稳定，AB面H2滑坡治理工程现状运行良好，但该滑坡后缘陡坎尚未进行支护，该处陡坎高约2.5m，距××4号塔AB面约4.7m，雨季期间可能发生边坡垮塌，甚至小规模崩滑，可能对××4号塔稳定性造成一定的影响。

6. 铁塔整治方案

（1）××3号塔进一步整治方案概述。根据××3号塔塔及H1滑坡现状分析，为保证铁塔安全，必须对H1滑坡进行进一步整治：

1）H1滑坡现状稳定性差，原有治理工程已无法完全保障铁塔安全，应对该滑坡进行补充勘查、设计、治理。

2）治理目标为彻底排除滑坡隐患，确保××3号塔的安全运行。

3）滑坡治理工程应结合现有工程进行设计、施工。

4）滑坡治理工程完工前，应对H1滑坡后缘进行防渗处理，尽量减小降雨对滑坡的影响。

5）加强对××3号塔的监测频率，并建立应急预案，一旦发生明显变形，应及时按应急预案进行处置。

（2）××4号塔进一步整治方案概述。××4号塔现状基本稳定，其治理工程未发现明显变形迹象，但滑坡后缘陡坎与××4号塔AB面相距较近，并未进行任何支护。针对滑坡及铁塔现状，××4号塔进一步整治方案概述如下：

1）滑坡后缘陡坎与××4号塔AB面相距较近，并未进行任何支护，应对滑坡后缘陡坎进行支挡，并设置截排水措施。

2）加强监测，并建立应急预案，一旦发生明显变形，应及时按应急预案进行处置。

7. 结论与建议

（1）结论。

1）H1、H2 滑坡形成机制：S307 线改建工程施工期间，对该段斜坡进行切坡，形成临空面；2015 年 8 月，S307 切坡段挡墙施工尚未完成，此时区内发生降雨，降雨入渗后遇下伏基岩为强风化砂、泥岩互层，相对隔水且易软化，抗剪强度降低，土体在自重作用下发生滑动。

2）工程运行评价：a. H1 滑坡前缘支挡工程结合格构、锚固工程一起使用，基本对滑坡前缘土体进行了有效支挡、稳固，滑坡前缘现状基本稳定；滑坡后缘针对××3 号塔设计、施工的治理措施（包括挡墙、钢管桩、木桩、锚固），现状皆有不同程度的变形迹象，各种现象表明，H1 滑坡中后缘土体仍在不断发生下滑、移动，该治理工程未达到预期目标，未对滑坡进行根治，××3 号塔现状仍受到滑坡威胁。b. H2 滑坡前缘支挡工程，基本对滑坡前缘土体进行了有效支挡、稳固，滑坡前缘现状基本稳定；滑坡后缘针对××4 号塔设计、施工的治理措施，现状基本完整，无明显变形迹象，表明 H2 治理工程运行较好，现状能基本保证××4 号塔不受滑坡威胁。

3）滑坡现状及趋势预测：a. H1 滑坡后缘仍不稳定，工程治理效果一般，该滑坡在雨季仍可能发生滑动，直接威胁××3 号塔、S307 安全，危害程度及危险性大。b. H2 滑坡现状基本稳定，实地调查中未发现有新的变形迹象出现，滑坡现状危害程度及危险性小；滑坡后缘陡坎雨季可能发生边坡垮塌，甚至是小规模崩滑，威胁××4 号塔正常运行，其发生的可能性中等，危害程度及危险性大。

4）铁塔稳定性：a. ××3 号塔已发生明显倾斜，塔顶向 AB 面倾斜度已超过 2%，现状稳定性差；××4 号塔现状稳定性较好。预测雨季期间，××3 号塔变形迹象可能进一步加剧，塔杆可能继续向滑坡一侧倾斜，若 H1 滑坡范围继续扩大，带动塔基处土体下滑，甚至可能引发××3 号塔整体下沉、倾倒。b. ××4 号塔 AB 面陡坎未进行支护，雨季期间可能发生边坡垮塌，甚至小规模崩滑,可能对××4号塔稳定性造成一定的影响。

(2)建议。

1)H1滑坡现状稳定性差,原有治理工程已无法完全保障铁塔安全,H2滑坡后缘陡坎与××4号塔AB面相距较近,并未进行任何支护。对H1滑坡进行补充勘查、设计、治理,对H2滑坡后缘陡坎进行支挡,并设置截排水措施。

2)滑坡治理工程应结合现有工程进行设计、施工。

3)滑坡治理工程完工前,应对H1滑坡后缘进行防渗处理,尽量减小降雨对滑坡的影响。

4)加强对××3号塔、××4号塔的监测,并建立应急预案,一旦发生明显变形,应及时按应急预案进行处置。

案例七:500kV大×线典型地质灾害防治

一、案例概况

2021年5月17日,500kV大×线××4号塔位A腿下方发生表层滑坡,C腿露高增加,B腿基础钢筋出现外露。

××4号塔位位于中山中部一个山脊上,脊宽约5m,A腿位于下坡向山脊左侧斜坡,坡度约40°;B、D腿位于近山脊顶的两侧斜坡,坡度约35°;C腿位于下坡向右侧斜坡,坡度约45°。地层岩性0~1.5m为可塑状粉质黏土,1.5~4.5m为强风化砂岩,4.5m以下为中风化,为侏罗系沙溪庙组。N2003B塔位为转角塔,A、B、C、D腿基础型号分别为WJB24115、WJB24110、WJB24100、WJB24090,各腿埋深分别为10、9.7、9.3、8.8m。

二、案例分析

1.地表破坏与变形

××4号塔A及C腿附近出现滑塌灾害。根据现场调查了解,滑塌后缘位于 A 腿基础外露处及 A 腿左侧和右侧上方约 5m 处。A 腿地表下外露高约 4.5m，滑塌总长约百余米，宽 15～20m，滑体一般厚 1～3m，滑后地形整体坡度 50°～55°。滑塌后缘长度方向 40～50m 外，宽度变窄 4～6m，深 3～4m，其形态类似沟槽地形，如图 2-7-1 所示。

滑塌体主要为施工余土及树枝、树干等，施工余土主要由松散状、局部架空的碎块石和黏性土组成。滑塌沟槽内可见细小流水，其为上部土层渗水汇聚而成。

(a) 俯视照　　　　　　　　　　　　　　(b) 仰视照及可见基岩面

图 2-7-1　A 腿滑塌现场图

据了解，大约 2019 年底或 2020 年出现过一次滑塌，滑塌后缘位于 C 腿上方约 10m 处，后缘可见由树干和土袋组成的施工平台。该滑塌宽约 20m，长 40～50m，滑体主要为施工余土，厚度 0.5～1.5m；现滑坡可见新生长的杂草等植被，局部可见微小裂缝，如图 2-7-2（a）～（c）所示。

滑塌后缘位于 C 腿基础外露处，如图 2-7-2（d）所示，C 腿地表下外露高约 2.5m，滑塌总长 50～60m，宽 15～20m，滑体一般厚 0.5～2m，滑后地形整体坡度 55°～60°，前缘可见明显滑体堆积体。滑塌局部内可见细小流水，其为上部土层渗水汇聚而形成。除滑塌区域以外未发现较为明显的地表变形开裂迹象。

2. 铁塔变形调查

根据现场调查，塔位上部铁塔未发生明显变形现象。四腿基础外露部分基础顶面往下 40～50cm 范围内混凝土剥落严重，基础钢筋外露伴有锈蚀现象，如图 2-7-3 所示，基础混凝土用手可轻易剥离，混凝土强度可能不足，密实度不好。

(a) 仰视照　　　　　　　　　　　　　　(b) 俯视照

(c) 上方前次滑塌后缘　　　　　　　　(d) 基础及接地线外露

图 2-7-2　C 腿滑塌现场图

(a) A 腿基础　　　　　　　　　　　　(b) B 腿基础

图 2-7-3　四腿基础现场图（一）

(c) C 腿基础

(d) D 腿基础

图 2-7-3　四腿基础现场图（二）

3. 原因分析

根据上述调查，本次滑塌初步分析主要原因为：塔位处各腿下坡侧的斜坡表面堆积施工余土，近期雨水较往年偏多，在雨水汇聚的不断下渗以及饱和作用下，增大了表层土体的重度，同时降低了土体的抗剪强度，使得斜坡上松散的余土堆积物失稳下滑，从而牵引带动斜坡上表层黏性土、碎石及局部的强风化层的滑塌，最终形成本次浅表层滑动。

4. 塔位边坡治理方案

为避免表土进一步滑塌，牵引塔基范围内其余土体下滑，建议采取措施消除影响塔位稳定的潜在因素，对此提出以下具体处理措施：

（1）临时措施：清除滑塌土体及 A、C 腿上方的表层的施工余土（运至原设计位置处，严禁随坡堆放余土），平顺坡面，用防水布封闭整个滑塌区域坡面，防止雨水下渗继续破坏加深滑面，防止土体的进一步滑塌，如图 2-7-4 所示。运检单位加强观测，出现基础或铁塔变形等情况时请及时通知设计单位。

（2）永久措施。委托基础检测机构对塔位四个基础实体进行检测，判断是否符合设计要求。检测内容包含但不限于混凝土强度、保护层厚度、密实度、碳化深度等。在基础混凝土检测满足设计要求或者经处理后满足要求的情况下建议采取以下具体处理措施：

1）清除塔位处残留的滑塌体，清除 A、C 腿上侧坡面残余的滑动浮土，清理杂草树根块石等杂物，对坡面做平顺处理，严禁形成汇水凹地，确保坡面自然散水，避免集中冲刷浸泡（预估清理余土放量为 80m³）。

图 2-7-4　A、C 腿临时措施

2）经初步验算，A 腿基础外露 6m 左右，导致基础水平承载力不满足设计要求，采用在对角线处增加抗滑桩加连梁的方式抵抗水平承载力不足的情况。辅助桩桩径 2.0m，埋深 11.5m；基础混凝土 37.17m³（C25），基础 HRB400钢筋 2856kg，HPB300 钢筋 541kg；护壁混凝土 10.7m³（C25），护壁钢筋390kg；连梁混凝土 3m³（C25），连梁钢筋 HRB400 钢筋 450kg，HPB300 钢筋 50kg。

3）综合考虑塔位现状和施工的方便性，建议对 A 腿滑塌区域及外延 1m 范围采取锚钉挂网结合喷混植生生态护坡的措施，防护范围宽 8～16m，长约 30m，总面积共约 400m²（含塔位坡顶部分）。建议对 C 腿滑塌区域及外延 1m 范围采取锚钉挂网结合喷混植生生态护坡的措施，防护范围宽约 20m，长约 20m，总面积共约 400m²（含塔位坡顶部分）。

4）在 D 腿上方，开方边坡的坡脚处附近修筑 I 型截水沟，长度约 80m，浆砌块石工程量 40m³ 左右，混凝土 3m³（C15）左右。

5）该塔位接地线出现外露情况，需对接地线进行整改处理，将外露接地线进行重新敷设，敷设布置需满足接地要求，同时在敷设施工时注意保护原状土地形。

案例八：500kV 二×线典型地质灾害防治

一、案例概况

2021 年 9 月 3 日，500kV 二×线某塔下坡侧发生滑坡，塔位下坡侧滑体滑动剪出后，由于剪出口地势较高，滑体划出后顺坡继续运动，冲蚀沿途表层岩土体，最终形成塔位小坡面整体呈长条状暴露的现状。

二、案例分析

1. 治理工程必要性

500kV 二×线作为××水电站重要的电力外送通道，属于电网骨干网络。该工程线路故障不但可能导致大面积电网的瘫痪，还严重影响人们的生产建设、生活秩序，而且可能会引发重大次生灾害，给社会和人民的生命和财产造成严重的后果。根据 GB/T 32864—2016《滑坡防治工程勘查规范》，本线路为 500kV 输电线路，属重要电力工程设施，防治工程分级为一级，天然工况、暴雨工况、地震工况下目标安全系数分别为 1.30、1.25 和 1.15。

根据 GB/T 32864—2016《滑坡防治工程勘查规范》，折线滑面使用传递系数法进行稳定性评价和推力计算，使用摩根斯顿－普莱斯法（Morgenstern－Price 法）进行校核；圆弧换面使用毕肖普法（Bishop 法）进行稳定性评价和推力计算，使用摩根斯顿－普莱斯法进行校核。计算剖面为本次滑坡主剖面，其坡面形态与岩土分布如图 2-8-1 所示。

根据本工程勘察结果、土工试验结果及边坡岩土结构及实际状态，参考已失稳坡面的反算结果，结合邻近区域类似地形、岩土结构工程资料，综合确定本工程边坡稳定性计算参数，取值见表 2-8-1。

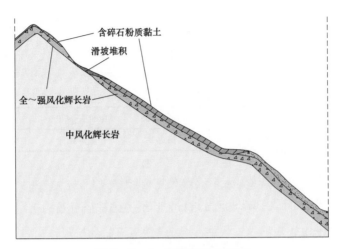

图2-8-1　稳定性计算剖面

表2-8-1　　　　　　　　　　边坡计算参数取值表

岩土类别	天然状态			饱和状态		
	容重γ（kN/m³）	黏聚力C（kPa）	内摩擦角φ（°）	容重γ（kN/m³）	黏聚力C（kPa）	内摩擦角φ（°）
1 含碎石粉质黏土	19	10	19	20	7	15
2-1 含碎石粉质黏土	19.5	18	25	20.5	15	22
2-2 碎块石	21	5	35	22	2	25
3-1 强～全风化辉长岩	23	10	38	23.5	7	30
3-2 中风化辉长岩	23	500	50	—	—	—

针对滑坡主滑面进行稳定性分析，通过 GEO5 软件自动搜索最不利滑面，其计算结果见表2-8-2。

表2-8-2　　　　　　　　稳定性计算成果表

计算剖面	计算工况	滑坡抗滑稳定性设计安全系数 F_{st}	稳定性系数计算		前缘最大剩余下滑力（kN/m）
			滑坡稳定系数 F_s	稳定性	
主滑面（不考虑铁塔桩基的抗滑作用时）	天然工况	1.30	0.93	不稳定	412.89
	暴雨工况	1.25	0.67	不稳定	667.52
	地震工况	1.15	0.82	不稳定	362.05
主滑面（考虑铁塔桩基的抗滑作用时）	天然工况	1.30	1.03	欠稳定	—
	暴雨工况	1.25	0.71	不稳定	147.33
	地震工况	1.15	0.98	不稳定	55.65

根据 GB/T 32864—2016《滑坡防治工程勘查规范》中表 7 的规定，滑坡稳定状态应根据其稳定系数按表 2-8-3 确定。

表 2-8-3 滑坡稳定状态划分

滑坡稳定系数 F_s	$F_s<1.00$	$1.00 \leqslant F_s<1.05$	$1.05 \leqslant F_s<1.15$	$F_s>1.15$
滑坡稳定状态	不稳定	欠稳定	基本稳定	稳定

由计算结果，并参照表 2-8-3，从计算结果分析，可得如下结论：

（1）最不利滑面位于滑坡区陡坡段，若不考虑铁塔桩基的抗滑作用，各工况下滑坡区陡坡段均处于不稳定状态；当考虑铁塔桩基的抗滑作用时，天然工况下，边坡整体稳定系数为 1.03，边坡整体处于欠稳定状态，与现场实际情况相符。

（2）通过各个工况稳定性对比，暴雨工况下稳定性明显低于其他工况，与本次滑坡于集中降雨后发生的情况相符。

（3）潜在最危险滑面主要位于强～全风化辉长岩与中风化辉长岩界面附近，深 2～6m，剪出口位置位于现滑坡形成的陡坡、缓坡交界处；不考虑铁塔桩基抗滑作用时，潜在滑面后缘延伸至塔位中央附近；考虑铁塔桩基抗滑作用时，潜在滑面后缘延伸至 B 腿外缘，与现后缘基本一致。

（4）滑坡区缓坡段在天然、地震工况下处于稳定、基本稳定状态，与定性判断及现场实际相符；但暴雨工况下滑坡区缓坡段坡体稳定性系数为 0.995，处于不稳定状态，有必要采取适宜支挡措施进行治理。

（5）坡面泥石流区暴雨工况下最危险滑面对应坡体稳定性系数为 1.06，处于基本稳定状态，与定性判断和实际情况一致，可不采取支挡结构，但应采取适宜措施治水固坡。

根据计算分析可见，铁塔基础发挥了一定的抗滑作用，天然工况下稳定性系数大于 1，但暴雨、地震工况下稳定性系数小于 1，一旦出现地震或连续降雨导致岩土力学参数降低，塔基边坡极易出现再次滑动。滑动形态主要以浅表层滑动为主，虽然不会导致塔基边坡整体破坏，但必将导致铁塔超过设计用塔条件，出现铁塔塔材弯曲乃至结构失效等情况。因此，为维护输电线路的正常运行，对该塔基边坡采取一定的工程措施是必要的。

2. 治理方案选择

根据计算分析结果，500kV 二×线某塔未超过用塔条件，但安全裕度极小。由于该塔右上坡侧有雅中 800kV 直流、左下坡侧有三回 35～110kV 输电线路，塔位附近无再立塔地形条件，若改线代价较大，鉴于某塔位场地暂时稳定，有采取加固措施可长期稳定某塔位所在斜坡的条件，故建议对滑坡后形成的新边坡采取治理，以确保某塔位场地的稳定。

因此，本工程的治理目标为保持现在坡面形态不发生进一步破坏，或采取适宜措施恢复原坡面形态，同时应保证铁塔基础不再承受水平推力，最终实现铁塔在设计用塔条件范围内安全运行。

（1）方案一：锚杆、格构梁。本治理方案采用锚索格构对滑坡区后缘、侧缘及缓坡段进行治理。采用锚杆格构对滑坡区侧缘与缓坡段进行治理，确保已滑坡后缘、侧缘以及大部分缓坡段稳定。坡面侵蚀以治水固坡为主，采用块碎石回填冲沟，并采用加筋麦克垫满铺已暴露坡面，防止雨水进一步冲刷坡面，并铺撒草籽恢复植被。大致平面布置如图 2-8-2 和图 2-8-3 所示。

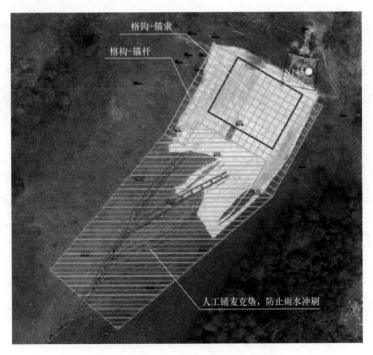

图 2-8-2　方案一平面布置示意图

图2-8-3 加筋麦克垫

（2）方案二：锚杆、格构梁＋钢管。本治理方案滑坡后缘、侧缘及坡面侵
蚀治理方案与方案一相同，缓坡段改用微型钢管抗滑排桩治理。本方案与方案
一相比，其格构范围向下坡侧延伸更少，如图2-8-4所示。

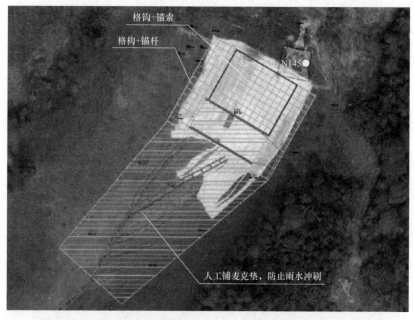

图2-8-4 方案二平面布置示意图

滑坡区缓坡段与坡面侵蚀以治水固坡为主，采用块碎石回填冲沟，并采用加筋麦克垫满铺已暴露坡面，防止雨水进一步冲刷坡面，并铺撒草籽恢复植被。

（3）方案三：锚拉抗滑桩。本方案坡面侵蚀治理方案与方案一、二一致，滑坡区采用人工挖孔抗滑桩治理，于阻滑段设置抗滑桩板墙，桩露出现地表 5～8m，桩间设板，板后以级配良好碎石、角砾放坡回填。

本治理方案采用抗滑桩确保桩后缓坡段、陡坡段稳定，确保即便在桩前不稳定的情况下，影响塔位稳定的滑坡区陡坡段仍处于稳定状态。考虑到悬臂段较长，初步考虑锚拉桩。

3. 方案比选

根据现场地形地貌特点，从方案施工安全性、施工周期、总投资等角度对比各方案，见表 2-8-4。

表 2-8-4　　　　　　　各治理方案优劣对比

项目	方案一 锚杆、格构梁	方案二 锚杆、格构梁+ 钢管桩基抗滑排桩	方案三 锚拉抗滑桩
治理效果	满足要求	满足要求	满足要求
施工安全性	好	好	较差
施工周期	快	较快	慢
投资（本体投资，万元）	最少（380）	中（450）	最大（560）
其他优点	机械化施工总工序最少	机械化施工 钢管桩支护效率高	恢复坡面后 用塔条件裕度更大
其他缺点	治理后保持现有用塔裕度不破坏，可保证铁塔 正常运行，但不能恢复用塔条件裕度		人工跳挖 慢且支护效率低

从表 2-8-4 可知，施工周期时间：方案三＞方案二≥方案一；施工安全性方面：方案二≈方案一＞方案三；投资：方案三＞方案二＞方案一。

4. 方案选择

对上述三个方案进行对比，各方案均能满足治理要求，方案一在治理方案经济性、施工安全性、施工速度上有较明显优势，综合考虑治理效果、施工难度与安全、治理方案经济性，基于本阶段调查，在规划方案中推荐方案一。

5. 治理方案内容

根据滑坡后缘、侧缘剩余下滑力不同的情况，针对性设计，滑坡后缘使用预应力锚索＋格构梁方式进行治理；滑坡侧缘与缓坡段采用常规锚杆＋格构梁方式进行治理。

（1）锚索锚固段按 5m 设计，总长按 15m，与水平面夹角为 25°，单孔设计锚固力为 450kN，考虑边坡表层分布土层，设计张拉锁定力为 400kN；锚索 8 排，据地形顺等高线布置，垂直、水平间距均 3m，横向防护宽度 38m。

（2）锚杆总长 12m，每孔使用 ϕ32mm 的 HRB400 型钢筋一根，格构梁柱交点采用 90mm 口径的钻孔，锚杆与钢筋笼通过焊接钢筋连接；滑坡两侧侧缘锚杆 12 排，缓坡段锚杆 5 排，均据地形顺等高线布置，垂直、水平间距均 3m。

（3）锚索/杆布置于格构节点，锚索格构梁柱交点采用 110mm 口径的钻孔，锚索设置锚墩；锚杆格构梁柱交点采用 90mm 口径钻孔。

（4）格构采用 C30 钢筋混凝土现浇制作，格构框架单元格尺寸为 3m×3m（垂直距离×水平距离），格构断面尺寸为 0.5m×0.5m，嵌入坡体内不小于 0.25m，格构横梁每 10～15m 设一道伸缩缝，缝宽 20mm。格构与坡面接触处，为防下部土体掏空，先平整并夯实坡面表土。

（5）坡面侵蚀以治水固坡为主，整理现有冲沟并使用不透水土工膜覆盖沟底后，使用碎块石填冲沟，并采用加筋麦克垫满铺已暴露坡面，防止雨水进一步冲刷坡面，并铺撒草籽恢复植被。

（6）格构内均客土植草并使用加筋麦克垫覆盖，滑坡后缘、侧缘顶设置截水沟，并使用 ϕ300mm PVC 管将所截挡汇水排至整理后冲沟内，防止降水冲刷坡面格构导致格构悬空。

案例九：500kV 二×线典型地质灾害防治

一、案例概况

500kV 二×线路某塔地处典型深切割侵蚀构造高中山、低高山地貌区，峰岭海拔 3000～4000m，谷岭高差 500～1000m 不等，塔位位于山体中下部山脊近脊斜坡，顺脊方向坡度 15°～20°，两侧均为 40° 斜坡，D、B 腿近顺坡，B 腿位于下坡侧，D 腿近正山脊。2021 年 9 月 3 日，500kV 二×线××1 号–××3 号塔下坡侧发生滑坡。

二、案例分析

综合分析××1 号–××3 号通道地形、陡崖危岩、岩石结构、线路通道的唯一性、线路畅通的重要性，对两个塔位提出了各自的治理方案备选。

（1）××1 号塔位整治方案。

1）防治方案一：本方案为被动防治措施，采用被动防护网，于××1 号塔位上坡侧沿沟槽设多层防护网，设置范围宜在××1 号–××2 号间，宜为 6～8 层，每层网长约 30m，最上一层应与××2 号塔位标高一致。

该措施为柔性防护，优点是易于施工、快速设置，对块径较小的落石效果好；但其缺点也突出：防护力较差，易于被大块径落石击穿而失去效果。如采取该措施，应加强巡查工作，及时更换已损坏防护网。该措施的最大缺点是对大块径滚石难以有效拦截。

2）防治方案二：本方案为被动防治措施，采用防护墙＋被动防护网方式。在××1 号塔上坡侧设钢筋混凝土防撞墙，墙高 4m 左右，墙顶再设置双层防护网。防撞墙基础采用微型钢管桩基础，设防长度 50～60m，防撞墙布置从 A、B 腿外侧开始至 C 腿上坡侧小脊，斜切××1 号塔上坡侧整个槽坡，钢管桩按三排 0.6m×1.0m 间距间错排列布置，桩深度 8～10m 并进入基岩至少 3m。

防撞墙为刚性防护，优点是能抵抗大块石滚落撞击，最大限度地保护铁塔，设施的持久性优于被动防护网；缺点是针对地形、地质条件，施工难度很大。由于槽坡内松散覆盖层较厚，防撞墙基坑施工中易造成上坡侧碎块石层大面积滑移，造成施工安全事故且难以处理。建议可采取对槽坡面覆盖层影响较小的微型钢管桩基础防撞墙，其优点是不需开挖较深的基坑，只需较窄的施工平台，最大限度地保持原槽坡的稳定性，用微型钢管群桩作防撞墙基础，施工速度较快；缺点是从河右岸公路至河左岸××1 号塔位只有一座人行吊桥，施工机械进场困难，采取机械拆散再组装方式、结合索道运输可进场，但费用较高。

3）防治方案三：本方案采用主动防治思路，针对××1号塔基东侧崩塌山体布设主动防护网，采用 SPIDER 型防护网，纵横交错的 $\phi16mm$ 横向支撑绳和 $\phi14mm$ 纵向支撑绳与 4.5m×4.5m 正方形模式布置的锚杆相联结并进行预张拉，支撑绳构成的每个 4.5m×4.5m 网格铺设披覆钢丝绳网，节点锚杆长度根据岩土裂隙深度选取，锚杆进入稳定基岩不少于 4m。

该措施优点是可避免××1号塔被危岩崩塌撞击后患，缺点是防护面积大、费用高（预估防护面积 12000～15000m²），施工安全有隐患，在施工前须制定详细、严格的安全措施方案。

4）防治方案四：本方案采用主动防治思路，治理方案与方案三基本一致，但将方案三中主动防护网更改为覆盖式引导网，并在××1号塔基上部沿沟槽斜向上布设 2 道被动防护网：针对东侧崩塌山体布设覆盖式引导网，对潜在危岩进行稳固，同时对崩落滚石起到控速、引导和归槽的作用，将上部崩落滚石全部引导至山体坡脚后顺坡脚沟槽滚落至下部主河道，覆盖式引导主动网布设范围约 10000m²。在××1号塔基上部沿沟槽斜向上布设 2 道被动防护网，对沟槽斜坡上部既有松散块碎石进行拦挡，被动网设防长度约 50m，网高 3m，可采用 RXI－150 型被动网。

该方案优缺点与方案三类似，相较于方案三，其主动网所需锚杆量略小，施工速度更快；缺点是落石顺覆盖式引导网滚落坡脚后将继续顺坡滚动至被动防护网处，后期需加强巡查，不断清理被动网所拦截落石。

需要说明的是，无论采取何种治理方案，都必须进行下一步的勘察设计，细化可行的设计方案。

（2）××3号塔位整治建议。××3号塔位于脊顶右侧约 20°斜坡，C、D腿外侧为陡崖，目前塔内原有蠕滑覆盖层在继续蠕滑，但蠕滑还未造成覆盖层下伏基岩滑动，故本次塔腿高差及根开测量成果与 2015 年测量成果基本一致。虽然覆盖层蠕滑没有引起塔基础沉降或位移，但如果覆盖层完全滑移后其下伏基岩在长期风化、卸荷作用下，岩石会渐渐风化松软、裂隙会进一步扩展，岩体稳定性降低，塔基场地是否还能稳定是无法确定的。对正在蠕滑的覆盖层应该采取措施保留其存在、让塔基所在场地地质环境不发生大的改变，建议采取临时和永久两项措施。

1）临时措施：临时措施在永久措施实施前实施，措施包括填塞、夯实蠕滑体现有周边裂隙，对整个坡面采用防渗油布覆盖，C、D 腿外侧已有冲沟也采取防渗油布覆盖，措施的目的是雨季时塔基所在坡面汇水不渗入蠕滑体内，暂时稳定蠕滑体不加速发展。

2）永久措施：永久措施的目的是阻止坡面蠕滑体的继续下滑，在 C、D 腿外侧坡面临崖地段设支挡结构，支挡结构主要位于地面以下，高出地面 0.5m 即可。综合地形、地质条件和蠕滑体临崖现状，采取一般的重力式挡墙结构施工难度大、且在施工中易造成现有蠕滑体整体突然下滑，建议采用微型钢管桩挡墙，并采用锚杆挂网喷混凝土治理目前 D 腿下坡侧汇水冲刷区。其中，微型钢管桩施工机械与××1 号防撞墙微型钢管桩基础相同，优点是施工中最大限度地保持现有坡面地质环境。微型钢管桩初步布置见附图，挡墙长度预估约 30m，钢管桩按两排 1m 间距间错排列布置（共约 90 根桩），桩顶高出地面 0.5m 部分采用钢筋混凝土承台连接，桩深度 6～8m 并进入基岩至少 3m，微型钢管桩的详细布置应在下阶段设计中确定。

（3）方案比选。本次地质灾害治理共提出 4 种治理方案，分别从施工可行性、防治效果及投资效益等方面进行综合比选分析，费用与方案比选情况详见表 2-9-1。

表 2-9-1　　××1号、××3号塔基治理方案综合比选表

序号	治理措施	施工可行性分析	防治效果分析	总投资（万元）
1	××1 号塔多层被动防护网＋××3 号塔微型钢管桩挡墙，D 腿下坡侧锚杆挂网喷混凝土治理	××1 号塔施工相对容易，材料可人工搬运，机械设备使用较少；××3 号塔施工需要索道运输，局部需要搭设施工平台及脚手架，施工难度大	××1 号塔防治效果较差；××3 号塔可达到防治效果	339.62
2	××1 号钢筋混凝土防护墙＋××3 号塔微型钢管桩挡墙，D 腿下坡侧锚杆挂网喷混凝土治理	××1 号塔施工相对较困难，需锚杆钻机设备，搭建索道运输；××3 号塔施工需要索道运输，局部需要搭设施工平台及脚手架，施工难度大	××1 号塔可达防治效果要求；××3 号塔可达到防治效果	750.04
3	××1 号塔主动防护网＋××3 号塔微型钢管桩挡墙，D 腿下坡侧锚杆挂网喷混凝土治理	××1 号塔施工困难，脚手架等临时工程量较大，材料需搭建索道运输，施工基本可实现，但施工周期较长；××3 号塔施工需要索道运输，局部需要搭设施工平台及脚手架，施工难度大	××1 号塔防治效果较好；××3 号塔可达到防治效果	939.25

续表

序号	治理措施	施工可行性分析	防治效果分析	总投资（万元）
4	××1 号塔覆盖式引导网及被动防护网＋××3 号塔微型钢管桩挡墙，D 腿下坡侧锚杆挂网喷混凝土治理	××1 号塔施工可行性基本可行，原材料数量较大，需搭设索道运输；××3 号塔施工需要索道运输，局部需要搭设施工平台及脚手架，施工难度大	××1 号塔可达防治效果要求；××3 号塔可达到防治效果	901.41

注 上述四个方案总投资中均为两塔治理总投资。

由表 2－9－1 方案比选可知，按施工危险从高到低排序：方案 3＞方案 4＞方案 2＞方案 1。在效能方面，方案 3＞方案 4≈方案 2＞方案 1。从设备全寿命周期成本来看，钢筋混凝土防护墙的使用寿命大于其他防护形式的使用寿命，除方案 2 外，其他三种防护方式的使用寿命相当。从成本上看，方案 3＞方案 4＞方案 2＞方案 1。

根据《国家电网公司输变电工程提高设计使用寿命指导意见（试行）》中要求，本工程采用方案 2，符合提高设备使用寿命的原则，设备全寿命周期成本总费用低于其他三个方案，满足设备和技术方面的可靠性、耐久性、经济性。

4. 方案详细内容

综合考虑现场地质、交通以及施工难度等情况，方案内容如下。

（1）××1 号塔。××1 号塔上坡侧修筑钢筋混凝土拦石墙，拦石墙顶设置 2 道被动防护网：××1 号塔上坡侧设钢筋混凝土防撞墙，墙高 4m 左右，墙顶再设置双层防护网。防撞墙基础采用微型钢管桩基础，设防长度 50～60m，防撞墙布置从 A、B 腿外侧开始至 C 腿上坡侧小脊，斜切××1 号塔上坡侧整个槽坡，钢管桩按三排 0.6m×1.0m 间距间错排列布置，桩深度 8～10m 并进入基岩至少 3m，治理方案平面布置图如图 2－9－1 所示。钢筋混凝土防撞墙结构图如图 2－9－2 所示。

（2）××3 号塔。××3 号塔采用挡墙＋D 腿外侧边坡锚杆＋挂网喷混凝土：在 C、D 腿外侧坡面临崖地段设支挡结构，支挡结构主要位于地面以下，高出地面 0.5m 即可。综合地形、地质条件和蠕滑体临崖现状，采取一般的重力式挡墙结

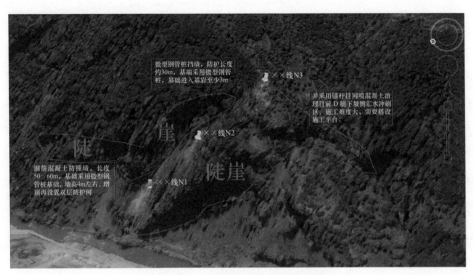

图 2-9-1　治理方案平面布置图

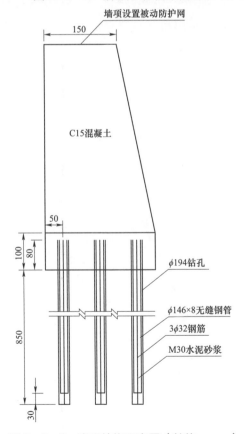

图 2-9-2　治理结构示意图（单位：mm）

构施工难度大，且在施工中易造成现有蠕滑体整体突然下滑，建议采用微型钢管桩挡墙，并采用锚杆挂网喷混凝土治理 D 腿下坡侧汇水冲刷区。其中，微型钢管桩施工机械与××1 号防撞墙微型钢管桩基础相同，优点是施工中最大限度地保持现有坡面地质环境。挡墙长度预估约 30m，钢管桩按两排 1m 间距间错排列布置（共约 90 根桩），桩顶高出地面 0.5m 部分采用钢筋混凝土承台连接，桩深度 6～8m 并进入基岩至少 3m，微型钢管桩的详细布置应在下阶段设计中确定。××3 号塔位微型钢管桩挡墙加固方案示意如图 2-9-3 所示，微型钢管桩结构如图 2-9-4 所示，喷锚支护锚杆结构如图 2-9-5 所示。

××3 号塔钢管桩基挡墙部分位于塔位内，采用锚杆钻机施工，钢管过长与塔材冲突或不满足电气要求时可分段下入钻孔后焊接，具备可实施性。

此外，本治理工程均应考虑电气对地安全距离，一般地段对地距离为 10.5m，交通困难地区对地距离为 8.5m。

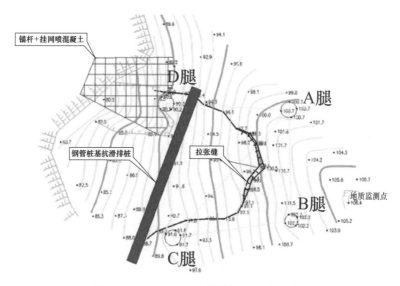

图 2-9-3　××3 号塔位加固方案示意图

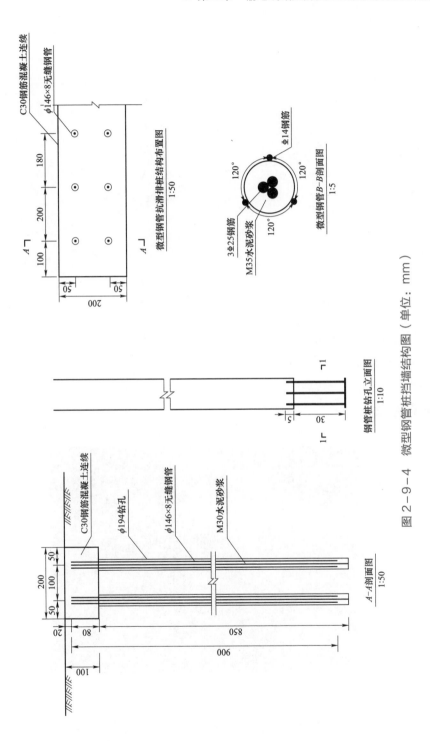

图 2-9-4 微型钢管桩挡墙结构图（单位：mm）

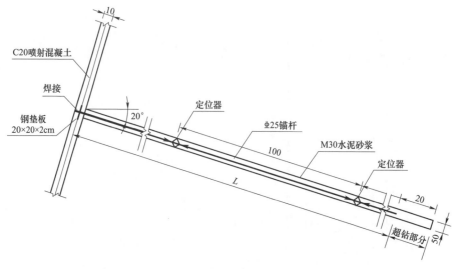

图 2-9-5 喷锚支护锚杆结构图（单位：mm）

5. 项目实施安排

某 500kV 线路××1 号塔与××3 号塔均位于理塘河左岸，无通车公路；右岸为卡基娃水电站进站专用公路；河两岸仅通过一座人行吊桥相连，如图 2-9-6 所示。

图 2-9-6 项目地理位置示意图

本项目为地质灾害治理工程，不涉及线路路径更改，不存在交叉跨越，项目所在地不涉及市政规划。

（1）施工过渡措施。

××1 号塔遭受崩塌灾害威胁，已砸坏 B 腿塔材，建议尽快更换已损坏塔材，防止新的大块经崩塌落石再次击中同一位置，致塔材损坏加重，出现不可逆结构受损。同时，应设置临时被动防护网，减轻崩塌落石对××1 号塔的危害。

××3 号塔浅表层滑坡仍在继续蠕变，建议采取如下过渡措施：填塞、夯实蠕滑体现有周边裂隙，对整个坡面采用防渗油布覆盖，覆盖范围宜以滑坡周界并适当外扩为原则。防止雨季时塔基所在坡面汇水大规模渗入蠕滑体内，暂时稳定蠕滑体不加速发展。

此外，针对××1 号和××3 号塔，须加强巡视特别是雨后巡视工作，巡视结果及时通报原设计单位及其他相关单位。

（2）环境影响预测及采取措施。本项目位于山区、塔位附近无居民区等，主要的环境影响为施工时对坡面植被的破坏以及施工余土对坡面的影响。针对本项目实施时的环境影响，主要可采取植被恢复和余土外运的处理措施，项目实施时采取合理的措施后对环境影响小。